U0251289

孩子不仅给我们带来了快乐，
更重要的是他们把我们重新引入真、善、美的世界

立 品 图 书 · 自觉 · 觉他
www.tobebooks.net
出 品

Trust and Wonder

A Waldorf Approach to Caring for Infants and Toddlers

天使在我家

以华德福的方式养育0至3岁的孩子

〔挪威〕埃尔德比约格·耶辛·保尔森　著

钟毛毛　译

天津出版传媒集团

天津教育出版社
TIANJIN EDUCATION PRESS

图书在版编目（CIP）数据

天使在我家：以华德福的方式养育 0 至 3 岁的孩子 /（挪威）保尔森著；钟毛毛译 . -- 天津：天津教育出版社，2014.6

书名原文：Trust and Wonder: A Waldorf Approach to Caring for Infants and Toddlers
ISBN 978-7-5309-7633-3

Ⅰ . ①天 ...　Ⅱ . ①保 ...　②钟 ...　Ⅲ . ①婴幼儿 - 哺育　Ⅳ . ① TS976.31

中国版本图书馆 CIP 数据核字（2014）第 111051 号

版权合同登记号　图字 02-2014-237 号

天使在我家——以华德福的方式养育 0 至 3 岁的孩子

出 版 人	胡振泰
作 　 者	[挪威] 埃尔德比约格·耶辛·保尔森
译 　 者	钟毛毛
责任编辑	赵建荣
特约编辑	高　敏
装帧设计	尚上文化

出版发行	天津出版传媒集团 天津教育出版社有限公司 天津市和平区西康路 35 号　　邮政编码　300051 http://www.tjeph.com.cn
经 　 销	新华书店
印 　 刷	三河市华晨印务有限公司
版 　 次	2014 年 8 月第 1 版
印 　 次	2014 年 8 月第 1 次印刷
规 　 格	16 开（787×1092 毫米）
字 　 数	120 千字
印 　 张	11.25
书 　 号	ISBN 978-7-5309-7633-3
定 　 价	32.00 元

本书献给我的孩子及孙子

目录

前言 理解 3 岁以下孩子的需求 / 001

译者序 放心和好奇心 / 005

简介 当你遇到孩子的眼神 / 009

Chapter ① 人智学理论中关于人的四元性 / 001

Chapter ② 0 至 3 岁的儿童发展 / 007

1 岁的孩子：迈出独立的第一步 / 012

2 岁的孩子：说出第一个词 / 016

3 岁的孩子：第一个思维觉醒了 / 020

Chapter ③ 当下，成人需要承担哪些责任 / 025

创造一个平和与安全的环境 / 028

认识到孩子模仿的深远意义 / 029

成为孩子模仿的榜样 / 032

为孩子提供探索和练习新技能的机会 / 035

Chapter ④ 儿童是感官生命 / 039

触觉：皮肤是 3 岁以下的孩子最重要的感觉器官 / 043

生命觉：父母为孩子提供安全感，加强孩子的生命觉 / 046

运动觉：为孩子提供各种运动的机会，帮助孩子控制
　　自己的身体 / 047

平衡觉：孩子在保持身体平衡时获得巨大的满足感 / 049

总结：这个阶段孩子的所有感觉都与身体相关 / 052

Chapter ⑤　儿童一日作息的节奏 / 053

让孩子的生活充满节奏 / 056

给孩子足够多的时间适应环境 / 059

帮孩子养成良好的生活习惯 / 063

孩子每日的节奏 / 065

孩子每周的节奏和每年的节奏 / 073

Chapter ⑥　儿童的玩耍 / 075

玩耍是孩子童年生活的基础 / 077

为孩子提供合适的玩具 / 080

Chapter 7 **为孩子准备的环境** / 081

室内环境：让孩子感受到安全和温暖 / 084

风格与颜色：简单平和更适合孩子 / 085

衣帽间：干净整洁，每个孩子都能找到自己的位置 / 088

主房间：孩子一天中的主要活动场所 / 089

更衣室：温馨舒适，成人和孩子亲密接触的场所 / 090

卧室：温馨私密，给孩子安全感 / 091

户外环境：为孩子提供更多的探索空间 / 092

Chapter 8 **0 至 3 岁儿童一起玩的模式** / 097

后记 帮助孩子开启他们的人生之旅 / 105

附录 1 与父母齐心协力 / 111

附录 2 与同事齐心协力 / 120

附录 3 南非的两首摇篮曲 / 126

前言
理解 3 岁以下孩子的需求

早期童年的经历会在所有人的生命中留下印迹，包括好的，也包括坏的。自从出生，我们便踏上了试图靠自己的双脚行走的旅途。在这条路上所发生的一切，都会在我们的人生传记中留下很深的印记。在人的一生中，头三年比其他任何一个时期都更重要。如果在这三年中，我们让一个孩子处在安全的环境中，让他感到身心舒适且可以得到他人的支持，他将拥有发展自己的才能与天赋的潜力。

要做到这些，就需要成人有能力观察到孩子什么时候需要保护，什么时候需要安抚和鼓励。这就是建立安全感的基础，可以给孩子带来在自由中成长和发展的可能性。

在我作为妈妈和华德福幼儿教师陪伴孩子的过程中，我和孩子们相处的很多经历都证明了生命头三年在人的一生中的重要性。对于要不要接收 3 岁以下的孩子进入幼儿园这个问题，我曾做过很长时间而又艰难的考虑。在我觉得可以说"是"之前，这个问题真的花掉我好长好长的时间。二十余年关于华德福教育的知识和经验是我形成一些想法和方法最重要的驱动力，而这些正是我试图通过此书来与大家一起分享的。

时至今日，华德福幼儿园已遍布全球，既包括发达国家，也包括那些贫穷与生存需求仍占主导的国家。尽管文化、环境大不相同，但这些幼儿园还是对鲁道夫·斯坦纳的哲学观点，对人类的解读和对教学法的推动有一个共通的基础，而这些就形成了所谓教育方法的根基。

目前，世界上大部分的华德福幼儿园接收 3-7 岁的儿童，每天的托管时间是 4-5 个小时。不过，在挪威和其他一些国家，接收儿童的年龄和幼儿园每日的运营时间同时发生着重要的变化。有些国家多年前就开始接收学步儿（1-3 岁的孩子），而挪威是最近才意识到接收学步儿的需求。出于家庭和社会的需要，越来越多的幼儿园已经开始照顾学步儿了。

挪威的星星之光华德福幼儿园创办于 1984 年，从那时起我就在那里工作了。而我们是从 2000 年才开始接收婴儿（1 岁以下的孩子）与学步儿的。写这本书的一个重要原因就是为了分享在这段旅途上我们所经历的种种。除此之外，我还愿意与你分享在家中照顾很小的孩子与照顾较大孩子的一些不同的探索。

开始，我们只接受很少的几个婴儿和学步儿。我们就把他们放在大一些的孩子中。一年之后，我们专门为 3 岁以下的孩子开了一个班。这个班成了我们幼儿园的"心"。它所散发出的温暖和一种非常特别的气氛环绕着这些小孩子。多年来，我们一直致力于在幼儿园中保留着这个气氛。

年复一年，我对儿童和教育工作者的责任心的尊重不断增长。

这本书并非旨在回答所有可能出现的问题，而是唤醒我们对于看到并理解婴儿和学步儿的需求这件事的兴趣。

如果你是一个希望对 3 岁以下的孩子有更深入了解的家长、照顾者、教育工作者，或是一个准备创办自己的婴儿或学步儿班级的幼儿教师，那么，这本书会给你带来美妙的灵感。

放心和好奇心

我慢慢转变了我的角度，把对孩子的关注转移到了孩子身边的成人身上。这个世界的五彩缤纷从来都是存在的，缺少的只是发现它的眼睛。

跟孩子一起工作的时间越长，我会越发赞叹发生在孩子里面的奇迹。在他们身边，你无法不去崇敬生命，因为孩子就像没有被乌云遮蔽的太阳，总在试图沐浴着你。凝望他们的眼神时，我的乌云不得不消散了。

渐渐地，我发现了一个秘密。事实上，所有孩子身边的成人，不论父母还是教师，都希望能让孩子活得像太阳一样，但他们却很难做到。原因很简单，成人自己已经被乌云遮蔽了。所有的生命都是要发光的，所有的生命都是一样的。孩子和成人的区别只在于，前者的乌云更少。而成人在无法连接到自己的太阳时，只能下意识地给身边的孩子增加乌云，甚至时常是出于所谓的爱。

于是，越来越多的人开始试着问："到底什么是生命？"这个问题几乎就等于在问："到底什么是孩子？"对于大多数成人而言，他们永远也找不到答案，除非他们有一天能找回他们的放心和好奇心。

当你带着绝对的放心去看孩子，你才能发现，在孩子那里没有任何问题，所有你为之担心、恐惧的种种可能都是生命本来的呈现，而担心和恐惧却会遮蔽你的双眼，让你看不见真正的孩子，看不见真正的生命，只看见担心和恐惧本身。当你带着绝对的好奇心去看孩子，你才能发现，你永远无法预知下一刻会发生什么，在孩子那里，没有未来和过去，永远只有一个个无法言喻的当下。只有你是好奇的，你才能拥有孩子，否则，你只是拥有了你想象中的期待。放心和好奇心只意味着一件事：放下评判。首先，对孩子放下评判。而本质上，这其实意味着：请对你自己放下评判。

埃尔德比约格·耶森·保尔森老师把"放心"和"好奇心"叫做"信任"与"崇敬"。我喜欢她对生命充满敬畏的态度，也喜欢她以人智学的背景来解释这世界上最接近生命本源的人群——0至3岁的先生们与小姐们。不论怎样，似乎所有的教育工作者都承认，信任和崇敬是真正与孩子相遇的两件法宝。或许，它们也是你真正与自己相遇的必备品。

于是，有一天，一个女人把这本书的英文版本递到我手里（我后来才知道她是立品图书的编辑）。我翻看了一下，甚至还没有问明原委，就立刻着手翻译起来。直到本书的中文稿成形了，我才发现，它其实是需要被分享给更多中国家长和教师的。为了孩子，干吗不呢？

这本书不同于你读过的任何其他一本关于0至3岁教养的育儿读物。在这本书里，你读不到那种粉红色的甜腻感。它是一本通过儿童解释生命的书，如果你确定你感兴趣，请继续往下看。

翻译此书的整个过程既紧密又轻松，要感谢的人除了埃尔德比约格·耶辛·保尔森老师、陶欢和小冲之外，还有一位父亲。可能连他自己都不知道，他家那位刚出生不久的小女儿曾经是我坚定接下翻译合同的重要动力——为了送那孩子一份礼物。结果我意外地发现，我其实给更多的孩子和家庭送去了礼物。

所以，瞧瞧，孩子本身就是礼物，从来都是这样。而这一切，会发生在成人有足够的信任和崇敬时。

钟毛毛

于北京

2014 年 4 月

当你遇到孩子的眼神

孩子

当你遇到孩子的眼神

甚于遇见春日的光华

它像是开启了一段旅程

退回到千万年以前

你不仅可以找回自己的童年

还可以寻觅破晓时的童年

——安德烈·伯尔凯（挪威抒情诗人）

埃尔德比约格·耶辛·保尔森　译

我选择安德烈·伯尔凯的这首诗为我们开启一段旅程，引领我们走入 3 岁以下孩子的世界。这首诗浓缩了最关键的重点，那就是儿童的内心，对于将与小孩子相遇的家长、教师而言，它是如此重要。孩子带着最坚定的信念和势不可挡的信任来到这个世界，面对他们，我们只能怀着崇敬和谦卑。同时，我们身上体验到了一种崭新的且不会终结的某种东西，我们还会体验到一种古老的智慧。

在生命头三年中，所有打下的基础都为了使得孩子成为一个真正的人。小宝贝带着绝对的信任来到我们这里，我们照料他的生活，帮助他成长。我们所提供给他的，他都认为是正确的。我们需要怀着同样的信任与崇敬才能真正与儿童相遇，我们也要这样去观察和支持他的发展。

眼神的相遇对于我们所有人都有着重要的意义——它流露着对方的"自我"和身份。在眼神接触的过程中，我们可以感觉到未知的可能性，或是力量，或是障碍，或是顺从；我们也可以从中感觉到某人什么时候放弃了，或伤心了。相对而言，与我们有过眼神接触的人更容易真正地和我们相遇。在眼神的接触过程中，许多东西自然而然地发生。那种感觉就像被抚摸着，尤其是当我们用特别的方式看着对方的眼睛，迎接对方的眼神时。

当妈妈或爸爸凝望着自己宝贝的眼睛，宝贝与妈妈或爸爸之间的第一次相遇便发生了。甚至经常，连一个旁边的外人都可以感受到，在这相遇之中蔓延着无边的爱之幔帐。

一个挪威华德福老师阿尔沃·马西叶森（Arve Mathiesen）在他的书《儿童的世界》（*Barnet's Verden*）中这样写道："孩子在刚刚能控制自己的眼部运动时，便会用眼睛望着我们。这绝对是一件值得关注的事。他们怎会知道，成人将眼睛视为'灵魂之窗'？是什么使得孩子想获得这样的接触？有人会说，眼神接触是成熟的结果，而非新生的起点。或者，这是儿童个性寻求与成人个性相接触的一种方式？"透过眼睛去认识孩子，让我产生了这些问题：

你是谁？

你从哪儿来？

在你的一生中，你想去哪儿？

在你踏上地球的那一刻，你是为完成怎样的使命而来呢？

在与你相处的日子里，作为一个引领者，我又需要完成怎样的使命呢？

我能成为你旅途中的一部分吗？到底是什么将我们两个人带到了一起？

我用什么样的方式献出自己，支持你，让你以自己独特的方式，发展你所有的可能性？

我怎样能帮助你克服你所遇到的所有的挑战和困难？

我会从你那里学到什么，使得我自己作为一个人也获得发展？

我自己的童年是怎样的？

其实，当我们与小小的人儿相遇时，还可以问我们自己更多的问题。为了找到其中一些答案，我们需要学习一些关于人类发展的知识——不仅包括生理方面的，还包括心理方面的。有很多知识和书籍能够为我们提供关于人类发展的信息，和如何教育我们自己的和别人的孩子的忠告建议。而我们自己来自于童年的记忆，则可以帮助我们确认或反驳关于这个主题的所有相关理论。即便如此，关于孩子需要什么来促进他们的成长，只有他们自己能给出最棒的答案。

通过观察儿童的状态，我们可以找到一些答案。同时，记住我们自己对各式各样的感觉经历的反应也是相当重要的。关于人性本质的知识重点来自于一个人对自己的了解和自己的成长。对我来说，了解精神世界的知识有效地帮助我看到了一个整体的图景，这图景既包括儿童又包括教育者。对完整人类的思考，除去物质领域，还可以拓展到孩子出生前后的领域，使得我们对儿童的发展有更宽泛的理解具有可能性。

或许，关于这思考的一个"图景"就是生日故事，很多华德福幼儿园的教师都会给孩子讲。讲这个故事有很多种方式，这取决于这个故事隐喻哪个孩子，也取决于谁是讲故事的人。这个故事是讲一个小孩子在出生前，在天堂和他的守护天使在一起，等待着降临到地球。在这漫长的等待时间里孩子做了一件对于人类而言极其重要的事情——玩耍。

可以以这样的方式讲生日故事：

这个孩子在玩一个球，高高地抛起又接住。他每天都这么玩，直到有一天，球丢了。孩子到处找球。后来，他发现篱笆上有一个小小的洞。因为太好奇了，就像所有孩子一样，这个孩子透过这个洞看过去。他发现可以通过这个洞看到所有通往地球的路。之后，一个房间或者一座房子出现了，看上去一切都是那么欢迎他——温暖而舒适——这孩子想立刻就住进去。但是，时机还没到。时间流逝，孩子不断请求他的守护天使允许他降临到地球。但得到的答案却总是：等等吧，等到一切就绪。

当妈妈和爸爸在等待这个孩子而且准备好了一切时，孩子就会降临。因为这个孩子快要来到他们身边，他是如此兴奋，充满喜悦。终于，这一刻来临了。守护天使跟随孩子来到天堂大门。从这里开始，这孩子就要独自开启他的旅程，走下彩虹桥，穿过所有的星星，路过太阳、月亮，直到地球就在眼前。这个孩子沉沉地入睡了。这个时候，妈妈知道，时间到了，她的宝贝要出生了！一开始，这个宝贝轻轻地撞击，然后越来越强烈，最后非常猛烈，然后他出生了。

妈妈和爸爸怀着崇敬看着这个小女孩（或小男孩）来到他们身边。当他们近距离地看这个孩子时，他们认出这是"安娜"（或者"约翰"——这个孩子的名字）。此时，喜悦之情是如此强烈，以至于父母要跟每一个等待着这个孩子降临的人来分享。

　　尽管这个故事不需要讲给 3 岁以下的孩子听，也并不直接与本书的内容架构相关，但它依然是一幅图景。作为成人，在我们内心可以有这样的图景。这幅图景告诉了我们，孩子与精神世界的联系，以及他们来自何处。而且在很多方面都可以感觉到，精神世界依旧是他们的家。这个故事也能告诉孩子，他是这样受欢迎，有几个人在翘首以待他的到来。不管这个孩子出生在什么样的家庭中，一件很重要的事就是让孩子意识到他是被某些人盼望的，某些人因为他的出生而异常开心。对于我们这些成人和教育工作者来说，带着尊重和谦卑接下这个孩子是很重要的。当我们在眼神中与孩子相遇，亲密和亲近就会发生，它会通过这样的人类互动建立起一座桥梁，帮助孩子来到这个地球世界。

Chapter ①
人智学理论中关于人的四元性

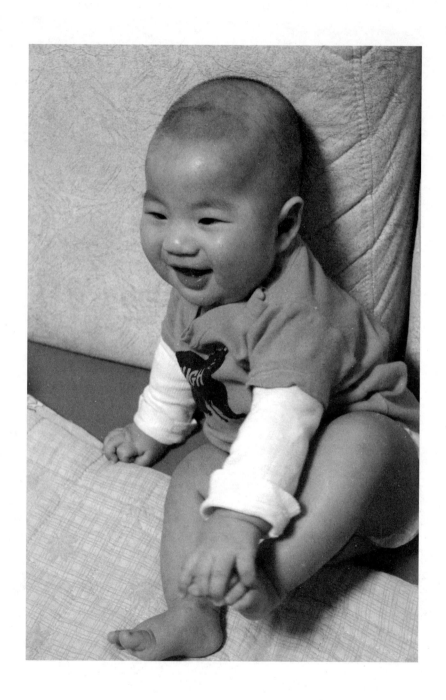

鲁道夫·斯坦纳的哲学体系被称为"人智学"（Anthroposophy 来源于 Antropos= 人类，Sophia= 智慧）。关于人类的人智学知识是一套很有价值的工具，它可以支持成人去帮助儿童构建与这个世界的联系。一个孩子是否可以发展为一个思想自由、人格独立的人，完全取决于他与他人和世界的联系，以及他对他人和世界的知晓。

　　下面是关于鲁道夫·斯坦纳对人类四重"身体"观点的简短概要。这对于理解人智学对儿童发展的看法以及华德福教育至关重要。如果想对人智学的这个部分和其他部分有更加深入的了解，则需要查阅更多关于这个主题的参考书。

　　人智学认为，一个地球上的人类生命包括四重"身体"：物质体、生命体 / 以太体、星芒体、自我。

　　第一个要素是**物质体**，它建立在矿物质世界的内在规律之上。

　　第二个要素是生命体 / 以太体，它同时存在于植物界和动物界。任何活着的东西都有生命体，所以才可以生长、疗愈和繁殖。当把一株植物和一块石头进行对比时，那种"生命的力量"便会当下立现。

第三个要素是星芒体，我们与动物都有它。在这里，我们会找到渴望、勉强、痛苦、乐意、爱情、厌恶、本能以及心魂的其他方面。通过这层身体，一个可以被感觉的世界便被吸收进来，并转化为内在体验。而且，我们还可以感觉到其他人和动物的感受。

第四个，也是最高的要素是**自我**或**我**，它是人类特别独有的。它承载了人类的精神内核。在灵魂进入物质体（被赋予了生命和心魂的物质体）的过程中，自我有机会成长和发展。这个**我**，作为我们自己的独特人格，或者是对我"自己"的意识，将通过与另一个**我**相遇而被体验和觉知到。

鲁道夫·斯坦纳在《儿童的教育》这本书中这样说：

没有人会用这个名字去指认其他人。每一个人只能称呼他自己为"我"；在我的耳朵听来，"我"这个名字并不是对我自己的描述。在指认自己为"我"的时候，一个人必须要自己命名自己。对于他们自己而言，那些会说"我"的人就是一个世界。那些建立在精神性知识基础之上的宗教经常会对这个事实有所感觉。因此他们会说："上帝与我同在，在低等生物中，他会仅仅用外显的方式存在于世界万物，而用内显的方式开始说话。"

当我们能够理解自我的本质，我们会发现，当孩子来到这个世界时并不是一张白纸。他来了，携带着来自于精神世界的隐藏智慧。

实际上，在最初几年，我们根本无法"教授"孩子任何事情。我们能做的，仅仅是为他安排一个健康的环境，以及，在孩子面前，有正确的行为举止。这是自我发展的几年。孩子通过自己的努力从一个阶段进展到另一个阶段。而在这个过程中，他们会通过我们所提供的各种机会获取到知识。孩子不仅仅只模仿我们的言行，他们还会模仿我们的为人，善的或恶的。儿童有看穿我们的能力，他们能看清我们是怎样的人。

我们不能，也不应该，尝试去改变孩子的个性。我们能做的，是为他提供正确的条件让他探索自己的能力，探索他周围的世界。帮助孩子意味着引导孩子利用好他天赋的能力，以及克服困境。

成长并不仅仅只在头几年中。我们一生都处于持续的成长中，我们永远有机会改变自己和周围的世界。对自己的感觉影响着我们的行为、感觉和想法。自我承载着全部的人，包括身体和心灵。它会在贯穿一生的不同阶段慢慢演完戏份，而我们所有人都需要经历这些阶段。据鲁道夫·斯坦纳所说，自我会在 21 岁的时候被完全发展出来。华德福教学强调我们应该总把这件事铭记在心，那就是，人在生命的不同阶段会大不相同，因此我们应根据情况对待。

在这方面，一个至关重要的领悟是，出生并不是一个单一事件。我们会把物质体出生的那一刻叫做出生，而实际上其他三重身体也同时在经历发展，直到它们达到一个足够独立自由的水平。这些"出生"大约每 7 年发生一次，这样，就把未成年期划分为三个"7 年"的周期。

第一个周期，从出生到 7 岁，生命体紧紧包裹着物质体。它使得我们会在这段时间内惊讶地看到孩子如此飞快地发展与成长。7岁左右，一部分生命的力量"出生"了，转而服务于其他的任务，比如上学学习。支持生命体的工作在华德福早教中具有至高无上的重要性，我们给孩子提供的体验一定是加强生命力量，而不是耗散生命力量的。

为了办到这件事，我们使用的工具有：

关怀和爱

模仿

榜样

良好的节奏和习惯

健康的感官体验和自然的感受

正确的营养

自由活动的机会

丰富的语言

歌唱

足够的独立活动空间，保证成人不会过多干涉和打扰

在生命头几年，我们能赠予孩子最棒的礼物就是让他在平静之中迈开走进这世界的脚步，以他自己觉得安全的节奏，走好每一步。这将会给孩子带来一个好的人生起点和一个坚实的基础，使得他能够成为一个独立的、有创造性的以及会思考的人。

Chapter ②
0 至 3 岁的儿童发展

在生命的头三年，孩子必须学会三个本领，而且这些会对他的一生都产生影响。这个孩子需要独自站立——变得直立起来——然后学习走路，这是第一个本领。然后，更晚一些出现第二个本领，开始说话。语言的发展又奠定了第三个本领的基础。第三个本领是思考。

对于如何推进这种学习的过程，孩子与孩子之间又都大相径庭，但所有健全的儿童都将会学习行走、说话和思考。成长是遵循一定普遍模式的，而且与文化无关。但是，尽管儿童行走、说话和思考的发展是有一定程式的，而每一个孩子的发展却完全取决于他周围的人与环境。

一个新生儿需要什么才能感到这个世界是舒适的，自己是受欢迎的呢？他需要一种保护——就像他曾经在妈妈的子宫里得到的那样——他需要父母和照料者满足他极其基础的需求，例如：充满爱的照顾、温暖、身体接触和营养等。

父母和最初照料者对宝贝的一生有着最深刻的影响与责任。他们需要确认宝贝最基础的需求是否被满足。他们就在这里帮助孩子进入这个物质世界，为孩子提供一个健康幸福的童年。

鲁道夫·斯坦纳曾说过：

如同大自然为物质体的诞生提供了适合的环境一样，教育者需要为出生之后的生命提供合适的物质环境。[①]

在创建环境时，非常重要的一件事就是要意识到来到地球的这个新生儿是一个大大的感觉器官，他需要保护，避免过多的感官刺激。孩子经历的每一件事都会对他的物质体产生一个效果——比如惊吓、非常大的声响、强烈的光线，或其他扰乱儿童的各种感官刺激。

另一个很关键的意识是，对于婴儿的生存，人与人之间的连接与食物供给同样重要。温柔的触摸构成了与他人之间的关系模式，这对孩子而言同样是营养。眼神交流是关系模式中的重要部分，它可以让孩子感觉到自己属于某人。当成人望向婴儿的眼睛深处时，你会感觉到，孩子毫无保留地把自己托付出来，对你百分之百地信任。当宝贝第一次向你露出渴望已久的微笑，我们会体验到那种信任。眼神相遇，微笑出现，爱在孩子与成人之间流动。孩子那种被看到和被关注的喜悦会通过笑容展现出来。这对于一个孩子的自我印象或自我概念非常重要——不仅仅是在生命的头几年，包括余生。

---

① 鲁道夫·斯坦纳，《儿童的教育》，第18页。

作为成人，我们仍然需要来自于他人的承认和关注。在关注中，我们可以感到作为一个人的价值感。

一个新生儿是不可能不去吸引注意力的，他也不可以被忽视。每一次我们与宝贝相遇，我们都像经历一次奇迹。我们感觉到神圣又谦卑，想去保护这个为整个世界而准备的躺在那里的小小的奇迹。我们的内心被点亮了。我们变得安静了，柔和了。我们可以想想，面对一个婴儿时，我们为什么会变成这样？是因为那个我们无法感觉到的未知吗？或者可能所有的问题都出现了：这个小小的生命来自于哪里？他会带给这个世界什么？一个什么样的未来在等待这个孩子？

这么多问题的出现，让我们在接近孩子的时候感受着谦卑。我们的谦卑和兴趣将与我们的沉静、好奇与尊重一起伴随着孩子成长的整个过程。抚养孩子的成人需要对一件事始终保有深深的尊重与好奇，那就是：观察孩子究竟处在他成长轨迹中的哪一步。

成人必须知道，孩子早期在任何特殊阶段所表现出来的方式不会永远保持，无论是行为、外貌，或者是别的什么。成长是一个持续不断的过程。当一个2岁的孩子到了反抗的阶段，认识到这个阶段是必须要经历的就会很有帮助。这个阶段将最终导向这个孩子的独立与自由。父母和照顾者应该欢迎这个阶段，因为它代表了孩子的进步。同时，这个阶段与其他阶段一样，终将会过去。这个生命阶段最需要的是孩子意志的力量。而且，尽管可能有点困难，但是就像任何人一样，小不点儿们需要被看到，被关注，被爱。在我们的一生中，这给予我们安全感和信心。

1 岁的孩子：迈出独立的第一步

在第一年，生理上的进展是非常容易被观察到的。我们每时每刻都能看到孩子的成长和变化。刚刚出生的婴儿是如此完美。他们有头部、胸部、胃、胳膊、腿——所有身体的部分都在。同时我们也需要知道，这个身体并没有发育成熟。它必须成长，在出生时还没有成型的内部器官必须发展和成熟化。第一年，孩子的体重会翻倍，同时，他会学习竖直站立和迈出他的第一步。这两件事是如此了不起，而他们就在如此短暂的时间里完成了这个奇迹。

在这段时间里，孩子要得到所有去建构他的外部身体和内部器官的能量和生命力。外部的身体变化在早期是可以看到的。在内部发生了什么也许不能被看到，但同样重要。最隐秘的器官和大脑在头一年成型和发育。

关于器官，鲁道夫·斯坦纳这样说道：

在此阶段，物质器官需要将自己塑造出一个确切的形态，它们的整体结构性质需要接受特殊的趋势与方向。之后成长便发生了，但贯穿一个人一生成长的成功力量却来自于生命头几年的发展。如果正确的形态发展出来，正确的力量便可生长；如果畸形的形态发展出来，畸形的力量便会滋生。作为教育者，在孩子头七年所忽视的事情将没有机会再修正。正如大自然在人类物质体出生前为其提供了恰到好处的环境，那么出生之后，将由教育者负责提供物质环境。正确的物质环境本身对孩子而言就是一种有效的工作，帮助他们的物质器官进行正确的形塑。[①]

这里的"教育者"指的是父母、照顾者、教师——孩子环境中的所有成人。

物质性的发展变化在孕期是巨大的。在胚胎期，头部是主导的。对于两个月的胎儿，头部占据了整个身体长度的一半以上。出生之后直到一岁半，头部仍然占据整个身体长度的四分之一（对于成人，这个比例只有八分之一）。[②]

所以对于一个典型的小孩子而言，头部仍然会显得很大，胳膊和腿比较短，整个的形状是圆圆软软的。在一两岁之内，一个变化发生了，胸部和腹部变得更显著而圆润。现在，躯体生长得比头部更快。直到 3 岁，大部分孩子还保持着这种圆圆软软的身材。小手背上经常能看到小肉窝。当孩子再长得大一些，这种柔软的形态会改变，变得更加确切。肌肉会更容易被看到。

大部分孩子确实都会经历常规发展的每一个阶段，但机动出现的变化是很个人化的。慢慢地，孩子能够熟练控制自己的身体。最开始只是让头直立，然后发现自己有手和脚，而且还能用！接着学习坐、爬，最终用双脚站立起来。最开始，这些行为看上去是无意

---

① 鲁道夫·斯坦纳，《儿童的教育》，第 18 页。

② 贝尔纳德·里弗高德，《儿童阶段》，第 28 页。

识的和混乱的。手和脚四处乱晃乱蹬，没有任何方向感。但很快，行动变得更可控，并且开始有意图性。当眼睛中的凝视变得稳定聚焦，婴儿发现了他的手和手指，很快双脚也变得如此有趣。孩子是如此柔软和富有弹性，他可以简单地用一个姿势便将脚趾放入嘴中（至少在成人眼中确实有些不可思议）。

现在，孩子看到了什么并想去抓住它，就在这种持续不断的行为重复中，他的协调性变得越来越出色。孩子开始全方位地掌控自己的身体，并逐渐地成功完成坐和站。尽管这些确实取决于每个孩子的个体差异，但一个普遍规律就是这些都发生在生命的头一年。

一出生，孩子没有任何自我意识，他只是在沉睡，简单地存在于他自己的世界中，对自己和周围世界的边界毫无概念。很快，孩子对物体开始有了意识，并渐渐了解自己在环境中的位置。虽然这些还是出于本能，但孩子会及时调整自己的手和眼，慢慢地，这些就成了有意识的行动。孩子看到一个球，便抓住了这个球。孩子和世界之间的界限更加清晰了。

为了能掌握到这些现实的能力，孩子使用了巨大的力量和生命力，其间所呈现的坚韧和渴望我们只能望其兴叹。他要征服这世界，决不放弃！即便不是出于成人的影响，一个孩子也会为了学习而持续不断地尝试、再尝试。孩子的个性会决定他掌握技能的快慢。有的孩子学得快，有的稍慢些，但"正常"的标准本来就在一个很宽泛的范围里。

大约 6 到 8 个月大的时候，孩子会坐了，之后就开始爬来爬去。一夜之间，世界变得无比辽阔，有更多的东西可以去摸和探索！一天，孩子发现他可以扶住什么东西拉动自己的身体站起来。桌子、椅子、妈妈的套装、爸爸的裤子都会被他用来吊起自己。在孩子一屁股坐回地上之前，站立可能也就持续一秒钟。这一幕每天都会上演，直到有一天一个伟大的时刻降临：孩子向外迈出了他的第一步，迈入这个世界，发现"我"来了！这是一个里程碑，不仅对孩子是，对那些见证兴奋时刻的成人也是。通常，这会发生在1岁左右，但是也有可能发生在8个月或17个月的时候。

最重要的是，在没有任何支持帮助的情况下，孩子自己完成了这些。如果把孩子放入学步车，就会打扰孩子的发展。当孩子达到了那个关键点，他可以用自己的双脚站立，迈出自己的第一步，他便有权力选择与他人亲近的距离。当孩子可以自由选择与谁亲近，孩子走向自由和独立的第一步就迈了出来。

在华德福幼儿园，我们相当重视婴儿探索周边世界的重要性，在一个有可模仿对象和安全的环境中，他们会学习行走。最重要的是由孩子自己来决定迈出第一步的正确时机，并独自做这件事。在这个过程中，孩子可能会有些挣扎，但最后他会享受到不被强迫而获得成功的喜悦。作为成人，我们要做的就是提供一个安全的物质环境，给予孩子足够的时间让他掌握通常的运动、探索世界和发展技能。很多东西取决于成人的态度。我们需要在行为和语言方面做一个好榜样。对孩子学习走路的过程而言，我们如何运动和行为是很重要的。

2 岁的孩子：说出第一个词

一般，在孩子开始行路时会说出第一个词。从这时起，孩子会开始使用喋喋不休的声音和手势。

孩子和成人都会使用身体语言，这是人与人之间的第一步沟通。在日常生活交流中，身体语言的影响还是很大的。有些孩子会通过身体语言来告诉我们他们想要什么，或者他们想要我们为他们做什么。这很积极，但同时可能会拖延说话这个行为。重要的是成人要使用语言，即使清楚孩子想要什么。这将帮助孩子使用语言并开始说话，而非仅仅使用身体语言。

通过身体语言，孩子可以反馈他现在状态好不好。当小婴儿饿了，他总会用哭来表达，而开心时，就会咯咯地笑。活在当下是对孩子最好的诠释。他们体验人、动物、物体或局势，然后做出应对。接着，快乐、愤怒和悲伤的感情出现了，口头语言和身体语言同时表达着这些情感。一个 1 岁的孩子能感受到喜悦与痛苦，但还不能把他们的感受用语言表达出来。我们可以从孩子的行为和身体语言中解读并理解他们想"说"什么。我们可以通过这个方法满足孩子的需求并理解他们需要什么。

当语言被发展出来，另一个世界就打开了，在这个世界里，充满了与别人交流的各种可能性。孩子是怎样学会走路的，他就会怎样通过模仿学会说话。语言打开了无数的可能性。我们可以命名物体、描述情感与思想、分享主意，重要的是，我们还可以用语言去连接和理解他人。语言并不是我们天生的——我们并不是生来就会说话——但所有孩子天生就有学习语言的能力。尽管有这种能力，但还不够。孩子必须要在一个有人使用语言的环境中，这样孩子才可以模仿。换句话说，成人对语言的使用绝对是儿童言语发展的必须环节。

皮肤科医生奥勒·菲拉德（Ole Fyrand）在他的《触摸》一书中写道：

> 日耳曼—罗马帝国君主腓特烈二世（1194-1250）想要寻找人类最本源的语言。于是，他下令让一些新生儿与人类隔离。任何人不可以用语言与他们交谈。很快，这些孩子全部死亡。

这个例子不仅显示了语言的重要性，而且说明了人类的接触对于孩子的生存有多么不可思议的意义。

南非的诺贝尔文学奖获得者纳丁·戈迪默（Nadine Gordimer）曾说：

> 在当代语言学学院的保守党、自由党以及左翼分子思想家有一个共识：人之所以为人，并非因为工具，而是因为语言。造就人类的，不是直立行走，不是用棍子挖洞找食物、或挥动出一阵风；造就人类的，是说话。人类有一种能力，那就是，即便未谋面的人与人、一代人与一代人之间，也可以直接进行沟通或密谈。即使是聪明的类人猿或海豚，也无法具备这样的能力。

人的身份、身、心和灵，也是通过语言表达出来的。

在生命的头一年，作为语言工具来使用的喉部发育完善。8到10周的孩子就可以发出"哦哦"或"啊啊"的声音，尤其是高兴的时候。全世界孩子的这种叫声都是一样的，不论孩子生活在何种语言环境中。很快，孩子就开始复制他听到的语言。这时，成人使用清晰和正确的语言就变得很重要了，不要禁不住诱惑去使用"儿语"。这也不意味着，我们就必须回避那些无意义的词汇；相反，它们其实是有价值的，只不过是在另一个语境里。

我们学习语言的方式，会跟运动相关，这对于处于语言学习中的孩子而言是个重要过程。正如同孩子学习使用他的肌肉去完成站立和行走一样，喉部肌肉也会被训练得去用来发出声音说话。喉部周围的肌肉会被拉在一起做运动，这些运动与我们使用手、手指、腿和身体是相符的，因此就变得更灵活。这也是为什么我们很重视把语言与运动连接在一起的原因，不论是颂词、节奏，还是歌曲，都伴随着孩子全身所有部位的运动。

我们观察到孩子对语言的需求是如此不同，个性也就在此时浮现了出来。有些孩子很兴奋，他们喜欢指着他们想要的东西发出声音吸引大人的注意。有些孩子试着重复他们听到的东西，不过是以他们自己发出的声音或者他们自己的"语言"来重复。在我们幼儿园有一个14个月的小男孩。每次他父母来接他时，他就开始讲一个长长的故事，没有一个人能听懂他在说什么。不过，听上去，他像是在告诉父母那一天在幼儿园里发生的每一件事情。我们所有人都怀着好奇心去听他说。

对于小孩子这个早期的发展阶段，最重要的事情就是去"品尝"词汇，听到声音，虽然不知道说的是什么意思，却一直在重复。这些词汇的完整词义会在日后的生活中渐渐清晰化。一个成人能做的主要事情就是将一个实物或人物与所说的词相联系，这样便展示了这词汇指的是什么。我们必须有意识地知道，孩子们不仅仅听到我们所说的每个词，他们也会感觉词汇蕴含的感情——不论是快乐、悲伤，还是愤怒。

18个月上下的孩子能学会单音节词汇。那么，现在周围所有的事物就可以被命名为：妈咪、爹地、猫咪、杯子、椅子……词汇被用来了解这个世界，用命名的方式去"拥有"它。孩子开始了解这世界上与自己有关的所有一切事物。比如，这里有一个"玛利亚"，那里有一把椅子，等等。

在华德福幼儿园的学步班中，成人和孩子喜欢一起又唱又玩。比如，一个成人坐在一块地毯上，伴随一些动作开始唱一首歌。在每天同一个时间，这一幕都会发生，但时间不会很长，直到孩子们每天这个时间会主动坐过来想唱歌。这完完全全是一个选择。如果有些宝贝想爬走，那么就爬走。他们可以随意来去，因为当他们准备好的时候他们就会参与歌唱。这些歌曲和押韵词一周一周地被重复着，有时甚至整年都重复着。"巴拉巴拉，黑绵羊"一天之内要唱上好几次，大人都唱烦了，但孩子们不会！我们可以看到孩子所经验的那份喜悦，可以理解到这件事一定有更深刻的意义。秘密在于声音和节奏的重复，还有识别出一首歌的巨大诉求，尤其对于最小的那些孩子。你可以看到每次都出现的巨大热情。享受生命中微不足道的小事是很重要的，它是未来迎接新挑战的基础。

给孩子讲童话是可以给予更丰富、多样语言的另一种方式。但我们更愿意给孩子讲一些最简单的童话故事，直到孩子们 3 岁后再讲"真实"的故事。3 岁以下的孩子很难跟上大孩子的活动，也很难一直集中注意力在太长的活动或太复杂的概念上。他们去想象和"看到"一个故事情景的能力还在起步阶段。这也是小不点儿们喜欢听简短故事的原因。这些故事最好和孩子经历过的事物有关，不论其经历的时候成人在不在场。在去幼儿园路上遇到的一只小猫，一直站在进料器上吃面包屑的小鸟，都可以成为他们听了又听的那种故事。他们从不对重复厌烦！

随着语言的发展，与孩子的谈话会有更多的内容，他们对环境的理解与连接也更广阔了。重要的是，与孩子们交谈需要我们的耐心，多数情况下我们需要花很长的时间才能恰如其分地找到他们正需要的那个词。常常一个词或一个简单句子就可以帮助他们表达内心的感受。当我们把词汇与行动联系起来，就会有助于孩子理解并构建出语言。我们可以说："来吧，我们一起找找鞋子，穿上鞋。"或者："你的袜子在这儿呢。"我们每时每刻的临在和对孩子的直接关注将会促进孩子的语言发展，也有助于孩子总体的健康成长。

3 岁的孩子：第一个思维觉醒了

在生命的第 3 年中，孩子开始理解越来越多的语言。同时，孩子认识到当他沟通的时候，他是被理解的。词汇量在增长，句子也越说越长。通过经常性重复和每天的常规习惯，记忆力被增强。孩子的思维通过识别和重复经历才能和行动连接起来。只有在词汇和实物或词汇和概念连接在一起的时候，在孩子心中才能出现一幅内在画面。

生命之初，孩子会发现自己是从环境中分离出来的一部分。当孩子越来越确切地知道，相对于他周围的这些物品，他是一个独立的身份，一种觉醒发生了。在孩子的互动中，第一个思维过程进入他的生命，开始构建属于他自己的外在世界的画面。

儿童有自己的感官印象。自我意识连接着这些印象，使得一个孩子对外界做出个性化的反馈，而不仅仅是本能反应或者条件反射。这是一个开始，一个关于"我自己和我自己的世界观"的开始。从始至终，这些画面发生着质变，并在后期以意识的思维呈现出来。过程是这样的：意识从"图片格式"转化为"概念格式"，然后转化为"纯思维程序"。经历和参与各种各样真实生活中的工作，孩子们会看到事情并理解事情，这会帮助他们创造出建立思维程序的牢固基础。

通过逻辑性的行为，我们建立逻辑式的思考。重复行为可以有效地培养良好的记忆能力和逻辑思考能力。如果有机会看、帮忙，甚至直接体验日常家务，如清洁、烘焙、园艺等活动，一个牢固的思维程序基础将被建立起来。分享这些行为的快乐形成了童年的金色记忆，同时也承载了我们头脑中重要的思想。

记忆与孩子的自身身份和世界观都有着重要的联系。它会帮助孩子确认甚至改变是非观。孩子需要学会这样做，以便适应他自身的体验。

所以，我们发现，孩子的思维过程紧密联系在感官体验、行动和语言上。孩子觉察到正在发生的一切，于是，一种想去模仿的愿望，和一种想把所感诉诸语言的冲动，同时被创造了出来。

烘焙就是个例子。成人在厨房里制作小圆面包，孩子想要参与大人正在做的事。孩子注视着小圆面包怎么被揉出来，然后用他自己的一小块生面团复制同样的动作。如果成人唱支小歌或者给出一个对应动作的小韵律故事，就像"做蛋糕呀做蛋糕，糕点大师傅"，随即，孩子就会跟着唱起来。小圆面包被放入托盘，然后唱"为了宝宝和我被推进烤箱"。孩子看到了、尝到了、摸到了、听到了在他周围发生的一切。词汇被联系在一个物体或者一个动作上。它在为孩子打基础时起到了重要作用。这个基础指的不仅仅是语言基础，还包括数学基础（数小圆面包的个数、测量、称重），逻辑思考基础（体验一个事件的逻辑结果），连接物体的功能（小圆面包可以用于饮食），等等。

这样的体验会形成独立的概念结构，而不依附于当下的感官知觉。举个例子：小艾玛站在冰箱前说："艾玛想要果汁，艾玛想要果汁。"她并没有看到果汁，但她可以用词汇命名它。她还知道果汁就在冰箱里，她可以用语言得到她想要的。

我们要牢记，童年应该是欢乐的。学习是与快乐相伴的：能够把词汇和动作连接在一起的快乐，能够表达自己的快乐，能够一遍一遍重复动作的快乐。这种快乐将引导孩子走向自我意识，它会在孩子两岁半到3岁左右显示出来。当孩子用"我"来表达他自己时，

内在生命已经进入他自己了。

我们中的大部分人都难以回忆起3岁之前发生的事，除非有什么特别夸张的事情发生在生命头几年。儿童早年对某个事件的内在记忆图景受自身体验的影响很大，而与外在因素其实没什么必然联系。共同经历同一事件的兄弟姐妹可以有完全不同的反馈，他们会以截然不同的方式讲述同一个故事。就每一个孩子的体验来说，每个人的故事都是真相。

我们无法预知儿童将怎样觉知和体验事件，会说什么。我们也无法知道他们对状况的"解读"是什么，最终会升腾怎样的情感。我们要牢记的是，我们在孩子的体验中扮演了非常重要的角色。总体上来说，成人的表现强烈影响着孩子学习成为一个独立的人的思考和感受。

当孩子学习走路和说话时，他需要一个很好的榜样。当然，显而易见，我们可以从学习的结果中看到模仿。同样，尽管模仿是无形的，但孩子需要一个榜样来学习，这样，好的想法和感受就可以在孩子那里出现和被激发出来。观察到我们思维上的模仿过程并不容易，尽管我们能感觉到它是在起作用的，而且有时能观察到它是可以从外在被确认的。孩子与成人之间的连接越强烈，对孩子在思考和情感方面的影响就越强大。在生命的头几年，孩子会被紧密地连接在他身边的成人和环境中。孩子与他热爱的成人在一起的时间越久，他们之间的连接就越紧密。

作为成人，我们可以操控我们的想法并形成自己的观点。例如，我们有想出一个主意的本事。我们跟随一个过程，从最初的想法开始，通过感觉兴奋或者激情来采取积极的步骤去实现它。

而孩子那里发生的事情截然相反。孩子自发、无意识地去表现，没有任何主导想法。他的行为触发出一个好的或者不那么好的感受，这感受使得孩子思考所发生事件的意义或结果。我们可以利用这个非常重要的知识作为我们对于生命早期儿童的"教学"基础。智性的解释，如果不是建立在体验之上的，将会从孩子身边擦身而过。儿童能更多地理解行为和关于行为的心境，但很难理解用语言解释的智性概念。

随着自我意识在三岁上下时觉醒，独立思考的种子已经被播种下了。我们的作用就是鼓励孩子创造性地、道义性地思考。我们无法教授孩子如何思考，现在和以后都不行。但我们可以对于我们自己如何思考，以及我们自己在孩子身边如何处理事件有所觉察。我们通过我们自己的思考、行为、习惯和对人类道德的奋斗来教育孩子。我们不强加，而只是展示我们的方式来确认我们自己是值得被模仿的对象。通过这样做，我们引导孩子走向发展独立思考的路径。

Chapter ③
当下，成人需要承担哪些责任

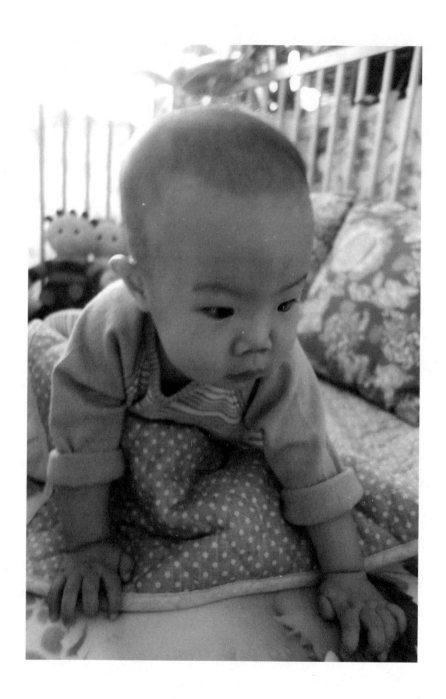

时下的儿童出生在一种什么样的环境中呢？我们这个时代的"精神"是什么？这样的环境会对我们的孩子造成什么样的影响？

　　这是一个革新和改良的可能性多多少少有些无度的世界，而我们就活在其中，西方世界尤其如此。健康、环境领域的研发为人们提供了更高标准的生活，生理、心理和社会救助都是现成的。在挪威和大部分发达国家，孩子处于一个唯物主义的、技术发展的、以信息为基础的社会。在这里，大多数人的所有基础需求已经得到了满足。即使信息和支持如此充分，人们关于"良好的、健康的儿童教养需要什么"这个问题仍有极大的困惑和忽视。

　　我们不知道未来会带来什么，我们也不知道会遇到什么样的挑战、可能性和困境。孩子们需要创造性的思维，才能够应对扑面而来的全新挑战。创造性思维的基础就是在孩子生命的头几年建立起来的。所以，我们必须特别小心地决定让孩子如何使用这珍贵而短暂的时光。

　　我们中的很多人都会觉得时间不够用，尽管整整一天都被从早到晚计划好了。不仅仅是工作日被安排了，我们甚至把假期和业余时间都详细设计了。时间，在今日，对成人和孩子而言，都太有限了，不论是无事可做的时间，还是用来对感受和经历的消化学习的时间。在入园前和离园后，我们被各种各样我们可以开展的活动充斥着。不论孩子是否愿意，他们已经被影响了。我真不认为我们的孩子需要这个。对于孩子，最重要的事情之一就是可以待在平静之中，能够有时间发现和探索这个世界及其各种可能性。

创造一个平和与安全的环境

在塑型的几年中，孩子就像一个大感官。环境中的每一个印象都会被孩子吸收入内，而没有任何对有害信息的内在抵抗。那意味着，所有的影响都将长驱直入而没有任何"过滤器"。每一条信息和影响都会成为孩子的一部分，塑造着他的身体和心理。对家长和老师而言，这意味着我们必须觉察我们给了孩子哪些感觉经历和印象。我们必须考虑，我们的孩子是处在他们需要的环境之中，还是在他们应该远离的环境之中。

小孩子比起我们那个年龄时显得更加清醒和敏锐，但我们不可以愚蠢地认为，他们真的比实际上更成熟。在最初几年中，所有的孩子都需要被保护并"梦幻式"存在，尤其是那些看上去过分"成熟"的孩子。

越来越多的孩子从 1 岁开始上幼儿园——在某些国家更早，比如三四个月——他们每天有很长的时间是不在家的。家长们寻找一个可以托管婴儿的华德福幼儿园是因为他们需要工作（或忙于接受培训，或是单亲家长，或离家工作），他们都希望自己的孩子能接受华德福教育。而我们作为华德福教师，必须要考察这些家长的需求，并考虑，如果我们拒收他们的孩子他们是否还能有其他的选择。

在华德福幼儿园，很重要的一个目标就是为大多数孩子每日都要经历的躁动生活创造一个平衡。和我们在一起，孩子可以处于平静之中，没有太多"娱乐"——换言之，没有太多成人主导的活动。我们致力于创造平和与安全的氛围，不仅仅在环境上，更在我们的态度上。我们想给孩子足够的时间观察和经历周遭的世界和成人的行为。我们允许孩子按照自己的节奏探索和发现，并为下一阶段的发展做好准备。

通过这样的方式，我们审视童年，这是一段如此短暂的珍贵时光。它要求我们必须有意识地对我们的行为做出选择。我们不能在智性上压抑或贬低孩子，同时也不应该强迫小孩子参加更适合大孩子的活动。这些活动可以稍晚一些再进行。

获得事实性的知识并不是生命头几年的重要目标。幼小的孩子需要时间和空间去发展和生长，他们需要自由地去探索世界，去掌控自己的身体。我们的任务是提供这样的环境，保护他们远离太过刺激和有压力的环境。

认识到孩子模仿的深远意义

新生儿表面看来是无助的，而实际上，身心却蕴含着一笔取之不尽用之不竭的天资财富和自我成长的强烈意志。当孩子感觉到自己的独立和个性时，这种内在想要成长的渴望和能力会通过模仿越来越强烈地表现出来。

在生命的头三年，所有的学习都是通过模仿和复制发生的。在这段时间里，模仿学习比无意识的自发行为要更深刻，它不仅适用于外界生活，还会影响孩子的身、心、灵。所有被孩子吸收的事物都会对他们的物质体和内在器官产生影响。鲁道夫·斯坦纳在《儿童的教育》中说道：

孩子们模仿物质环境中发生的事物。在模仿的过程中，他们的生理器官会投射为后来恒定的样子。

模仿力，不管在哪种环境下，都是孩子接受和吸收外界印象的重要工具。小孩子没有能力理解或保护自己远离那些扑面而来的感官刺激。但有了模仿的帮助，孩子便有了解答或者应对这些感官刺激的可能性。人类的发展就是依靠外在影响和内在影响建立起来的。在环境、成人和孩子的个性之间有一种持久的互动。这种互动决定了孩子长得像谁和长得怎样。模仿是这个过程的中心。

在孩子很小的时候，我们就能发现孩子的无意识模仿。如一个孩子看见某样东西在动，就会抑制不住地挪动自己的身体；爸爸在烤面包，孩子也想烤；妈妈在洗盘子，孩子也想洗刷；妈妈想看报纸，孩子也想看报纸；爸爸看电视，孩子也看电视，等等。当孩子脱离爸爸妈妈变得更独立时，模仿会以一种个性化的方式在玩耍中经历。

在精神层面发生的模仿更难发现。孩子感觉和模仿我们作为人类所存在的内心世界。如同我们的行为被模仿的方式，我们的思想和感觉会被模仿得更多。但是，孩子们并没有能力去分析和跟随我们的思想感受，他们只是能大体去感觉那个气氛、心境或语调。

想要随时发现我们的哪个行为、感受和思想被孩子模仿并不容易，但我们应该清楚的是孩子的模仿力始终存在。我们应该问自己的问题是："什么是我想让孩子去模仿的？"我们知道孩子能感觉到我们行为和语言背后的东西，而且他会知道什么时候我们并不在我们当下的行为和语言里。当我们手里烤着面包，脑子里却不知在想什么的时候，我们会注意到，孩子的注意力和兴奋状态立刻消失了，就像我们在我们的当下消失了一样。这并不是我们使用了缓慢清晰的工作流程就足够的，如果我们不真正在我们当下的行为里，孩子一样能感受到。

鲁道夫·斯坦纳是这样描述教师的作用的：

孩子吸收所有我们所做的，比如我们行为和动作的方式。他们对我们的思想和感受所受的影响是一样的。他们模仿我们。虽然有些并不直接，也不那么明显，但他们模仿的趋势是在增长。通过他们有机的心灵力量整合进入他们的生理器官系统。因此，这两年半的教育可以定义为成人的自我教育。这就要求成人自己明白被孩子觉知到的思考、感觉和行为的方式是对孩子无害的。[1]

---

[1] 鲁道夫·斯坦纳，《心灵经济和华德福教育》，第110页。

有些孩子理解了他们通过无意识模仿学来的印象。他们通过玩耍和行动来做这个。当孩子玩耍时，会有更多的可能性对那些让他们感到困难和沮丧的事物进行无害的补偿。这会帮助他们像成人那样掌控生活。其他的信息还停留在潜意识里。我们不知道，是因为我们看不到这些信息究竟是什么，也不知道它们未来长远的影响是什么。

根据孩子本身对其发展的参与，模仿会逐渐转变为创造力。孩子们在想要模仿时所显示出的那份兴奋和渴望是很奇妙的。这是一种我们应该关注的极其自然的力量。

成为孩子模仿的榜样

我们成人在各个方面都是孩子的榜样，不论是我们的行为、我们的感觉、我们的思想，还是我们的态度。作为父母，这是我们最艰辛的任务。孩子与成人之间的连接越紧密，成人对孩子的影响越强烈。举个例子，如果妈妈或爸爸闯红灯横穿马路，给孩子留下的印象要比一个陌生人做这些深多了。只要有孩子在场，我们一定且必须意识到，我们是孩子的榜样。

我们与孩子互动的方式严重地受到我们成长经历的着色。认识到这一点并不容易，但我们一定要意识到这件事并思考我们该做什么。我们必须知道如何选择并且为什么要选择某事和我们的孩子相处。

因此，孩子到底需要从成人那里得到什么呢。他需要一个榜样去学习。

当成人表现出有帮助的行为且总是在当下他所为之中，孩子的感官感觉会激发模仿。缓慢、稳定且以特定顺序发生的动作是孩子相对容易模仿的。我们会发现，有时候孩子会立刻模仿某个动作，而有时候模仿会晚些发生。在家里和幼儿园里我们会看到许多成人行为被迅速复制的案例。

在早年间，孩子身边环绕着的行为大多是烹饪、洗涤或修理。在华德福幼儿园我们会选择做这些真实的行为，我们知道这些真实行为对孩子模仿的重要性，就像孩子总是那样做的。一个所谓的"老派风格"的家庭生活里，家庭工作进行得缓慢而仔细，这会给孩子提供很有价值的模仿。

在家里，小孩子很少有到厨房里和大人一起做饭的机会。而幼儿园中最主要的分享活动就是烹饪。只要成人一开始为某个汤而切蔬菜，孩子们就会迅速聚集过来想给予帮助。成人内心平静地按照标准程序有条不紊地做饭，这样孩子们很容易跟上成人的节奏。根据不同孩子的年龄和发展阶段，每一个孩子参与的专业性、速度和能力会很不同。大一些的孩子会拿着刀子切蔬菜，而此时小不点儿们正忙着吃胡萝卜和触摸蔬菜。不论他们在做的是什么，他们都以某种行为参与到了这项把生鲜材料转变为一份汤的过程中。他们经历了从开始到结束，学习并理解了顺序，并将所看与所为连接起来。工作流程中的逻辑性越强，孩子日后学习能力和理解能力的基础越牢固。

另一个例子发生在成人的洗刷工作当中。这是一项孩子很快就可以参与进来帮忙的工作。如果我们随后转身去做三明治而留下孩子们继续洗盘子，洗盘子就变成了一件无聊的事，孩子们宁可去做三明治。孩子们想要的是，参与到成人的工作之中。

从很小的年龄开始孩子们就乐意成为我们的小帮手。即便一个3岁的小娃娃也会从自己的有用之中获益。"你能帮我把苹果放到桌子上吗？"或者："来，我们一起把苹果盘搬到桌子上吧？"我们这样说，能给予孩子一种被信任的感觉。我们相信他们可以靠自己的力量完成这些，并能感觉到自己是有价值的。他们会严肃对待。

我们的感觉、想法和态度相对于我们的所言所行，更加难以有意识地控制。我们都有自己的个人问题。当世界发生重大冲突时，我们会倾向于被吞噬。孩子并不需要那样，他们对于在日常参与中去处理事件的需求还远远没有被满足。当两岁的安娜从约翰那儿拿到一个球，对于他俩而言，没有任何世界性冲突比这件事更重要了。作为老师，我们可以尝试，当我们走进厨房或教室时，把我们的问题放进外套里然后挂在墙上。如果我们能成功做到在开始前一天放下问题，这将会给孩子和我们之间的合作带来巨大的帮助。没有人会动那件"外套"，它会一直挂在那儿一直到回家的时间，但也许经历了一天的过程它已经相对变轻了。

通过我们对所做之事的热烈和诚恳，我们可以在成人和孩子之间创造出美好的关系。我们会犯错误，但我们时刻关注自己在做什么的意识，以及我们想要下次做得更好的努力，都会被孩子感觉到。孩子们来到这世界的时候就装着满满的热情、渴望和进化的决心，但必须借助成人和环境他们才能完成剩下的部分。

根据每一个孩子不同的个性、性格和可能性，孩子物质体的存在和精神部分都要得到保护和发展。重要的是，孩子们经历了和我们在一起的愉悦，而且我们可以认出每个孩子的个性。

据说孩子在生命的头3年学到的东西比之后的30年都要多。我们通过我们的态度而成为孩子的老师。每一件我们想要教给孩子的事，我们自己要做到。如果我们想要他们发展很棒的社交技巧，我们自己要对他人和世界显示出兴趣、关心和好奇心。如果我们希望孩子发展积极思维的能力，我们自己必须用积极的方式去思考自己和世界。所有这一切都会为健康的成长和学习构建良好的基础。

为孩子提供探索和练习新技能的机会

当孩子开始学抓，写字的基础开始构建；当他开始学走，骑自行车的基础开始构建；当他开始学说话，学习拉丁语的基础开始构建。很多知识的深入掌握都起源于童年。

——威廉·斯登（德国心理学家）

埃尔德比约格·耶辛·保尔森　译

3岁以下的孩子都是小小的探险家，有着无边的好奇心。孩子爬、学步、在房间里乱穿，他"攫取"这个世界，渴望去发现、尝试并靠自己"占有"这个世界。

当我们在安排幼儿园的婴儿班和学步班时就秉承这个想法。每一件事情都是安排好的，让最小的孩子可以根据自身能力去发展。自由玩耍为孩子按照自身节奏发展提供了最好的机会。玩耍给予孩子自由，让他自己选择学什么，不需要成人任何的决定和引导。我们，作为成人，只是在这儿，一边做手里的事情一边密切关注着孩子们。我们鼓励孩子去拉、推我们为他们选择的器具。他们自由自在地发现他们自己、他们的能力，以及在与其他孩子的互动时他们的位置。只有当我们发现有些事情非常危险或太困难时，我们才会介入和帮助。

在我们幼儿园，有个 18 个月的小姑娘站在高高的椅子上想要下地。她尖叫着希望能有人把她放下来。我们看到，如果她自己下来肯定会摔跤。我们怎么帮她搞定呢？我们找了个矮凳放在椅子附近，这样从椅子上爬下来就容易多了。她立刻就明白了，没过多久她就挪出第一步，接着完全靠她自己从椅子上下到了地面！孩子脸上的笑容和发自内心的骄傲就是给予孩子和我们的最好回报。"我自己下来的！"她用无声的语言说着这句话。

这种例子不胜枚举。每次我们成功做到不留痕迹帮助孩子的时候，孩子的自身发展就会更进一步，同时也会强化孩子的自身形象。孩子会更加自信地去探索，任何事情都想自己做。常常孩子会说："我自己能做！"但常常因为我们赶时间，而没有给孩子这样的机会。如果我们能够花些时间关注一下孩子，就会发现孩子想自己穿衣服的渴望，尽管他们并不一定每次都能成功。对于孩子，我们要做的是提供帮助而不是干预，譬如给他们足够的时间和一点点需要去追求的东西。如果我们留心观察，就会看到一个小不点儿奋力去穿上袜子或一只鞋时，他所表现出来的那难以形容的欢乐和荣耀！

　　相对于之后几年，在生命的头7年，思维、感受和行动会以一种不同的方式混合。就像我们之前提到的，正常情况下会出现无意识的行动，接着会有关于这件事的感受，最后是思维。成人那种根据一套思维体系、预测可能出现的结果之后再采取行动的方式，对于孩子来说，是不存在的。最小的孩子忙着玩花瓶里的花和水。突然，花瓶掉了，水洒了一地。孩子开始反应，可能会害怕，并开始哭。下一次，当孩子看到装满水的花瓶时，上一次的经历和概念之间的联系会就呈现。更多的经历，就会有更多的想法。

Chapter ④
儿童是感官生命

神性的特征根植于人类的心智。通往神性之路——如果不以任何目的谈论"通路"——此路将通过感觉而开启。[①]

——弗里德里希·席勒

埃尔德比约格·耶辛·保尔森/L.威德默　译

依据鲁道夫·斯坦纳的理论，我们可以说孩子是一个巨大的感觉器官，那么这对孩子来说意味着什么？感觉器官接收讯息，身体做出动作以示反应。一些动作看得到，一些则看不到，比如那些在内部器官中发生的反应。

想一想，一个 3 到 5 个月大的婴儿，不仅仅是他的眼睛和耳朵在感觉周围发生的一切，他的整个身体也在做着反应。他的胳膊和腿毫无目的地活动。当妈妈或爸爸靠近时，我们会看到这种活动的幅度在增大。如果婴儿感觉抚养人在身边，那么这种觉知和愉悦会

---

① 弗里德里希·席勒，《审美教育书简》，第 11 封。

激发出一种强烈的反应，这时，婴儿会用他的整个身体做出反应。

孩子持续地处于感觉讯息的环绕中，这些讯息并不都是积极的。我们都非常熟悉的一个例子就是带孩子去大商场。我们想要保护孩子或自己免受购物中心里视觉和听觉的冲击，却无能为力。孩子接收到超出他接收能力的讯息。也可以问问你自己，与在山上待一天相比，在购物中心待一天之后你是什么感觉。在这两个地方，我们都接收讯息，感觉却完全不同。在购物中心，我们被那些消耗我们能量的讯息攻击着，疲惫不堪，这种疲惫不仅是身体上的，还有精神上的。而在山上，我们虽然身体感觉疲惫，精神却是愉悦的。

孩子在一天中能理解的东西是有限的。身体的疲倦可想而知，而各种讯息带给他怎样的影响？这些讯息对孩子的成长有益还是有害？作为成人，我们可以选择远离感觉经验，因为一般情况下我们清楚发生的是什么。但孩子毫无远离周围讯息的能力，也不会控制自己。因此，我们在了解如何正确育儿之前，必须对感觉有所了解。

鲁道夫·斯坦纳对感觉理解做出了巨大贡献，他总结出 12 种感觉，并将这 12 种感觉分成三组：基础感觉、中级感觉和高级感觉。所有的感觉都是相互关联的，但这些感觉的发展程度会随着年龄的变化而变化。从出生开始，这些感觉就已经存在了，只不过有些处于隐蔽状态，随着年龄的增长才会苏醒。这些感觉帮助孩子以各自独特的方式将内在的精神世界和外面的世界联系在一起。

触觉、生命觉（或幸福感）、运动觉和平衡觉是四种较低级的感觉，也称为孩子成长的基础或根本。这些感觉与肉体和意愿的关系十分紧密。对这种感觉的培养与培育贯穿于人的一生，但在 1 岁到 7 岁之间的培养尤为重要。

嗅觉、味觉、视觉和温暖觉属于中级感觉，这类感觉将我们与周围的世界相连接。这些感觉也必须从出生开始就好好培养，但在人生的第二个七年，也就是 7 岁到 14 岁之间的培养尤为重要。

思想觉、自我觉、语言觉以及听觉是将我们与他人联系在一起的高级感觉。这类感觉必须在 21 岁前的第三个七年加以强化巩固。四种较低级的感觉为四种高级感觉奠定了基础：

触　觉……………自我觉

生命觉……………思想觉

运动觉……………语言觉

平衡觉……………听　觉

在第一个七年里，孩子利用意愿（意志）以及自发活动去适应感觉讯息。由于孩子接收这些讯息时未经过任何过滤，因此孩子对这些讯息的感受远比大人更加强烈和激烈。因此，根据孩子的年龄和成长阶段来控制孩子接收讯息的内容和数量就显得十分重要。

触觉：皮肤是 3 岁以下的孩子最重要的感觉器官

皮肤是最大的感觉器官，也是人体的触觉器官，与安全感和人体感觉紧密相关。皮肤是 3 岁以下的孩子最重要的感觉器官。

《宝贝信息》一书中提及了 1977 年进行的调查。调查表明除去日常护理，舒适的身体触摸对语言和社交技能的开发和发展有着至关重要的作用。[①]通过实验，我们已经得知，舒适的身体触摸会让孩子感到安全和被爱。

幼儿对触觉的体验，和胎儿在子宫中移动的感觉一样。在怀孕阶段，由于妈妈和宝宝的体温一致，胎儿对触觉的体验非常模糊，但当宝宝降临到这个世界之后，他看到光亮，呼吸到空气，碰触到了他的照顾者和衣物，这种情况就发生了改变。对大多数新生儿来说，第一次触觉都是舒适的。妈妈充满爱意地将宝宝小心翼翼地拥入怀中，让宝宝感受到她肌肤的温暖。父母温柔的抚摸给予宝宝一种安全感。孩子不仅能感觉身体的碰触，还能感觉碰触时的心理状态。孩子在碰触自己和他人的过程中，唤醒并了解自己的身体；并在感受自己与其他物体之间的区别中开始知道冷、温暖、柔软、潮湿或干燥。

孩子通过认识边界感受到生命：我在这里，那外面的就是世界。孩子通过其他生物、其他事物和物体感觉自己。当孩子碰触到桌子时，就会意识到手和桌子之间有一个边界。

触觉与孩子仍处于沉睡状态的自我意识紧密相连。慢慢地，随着自我意识的苏醒，孩子自身的特征就会出现，在被他人触碰时，就会变得更有自我意识。他会觉得是这个自我在被"抚摸"。之后苏醒的自我意识会更多感觉到这样的感觉。

---

① 尼基·班布里琪和艾伦·西斯，《宝贝信息》，第 45 页。

在大人与孩子之间的关系中，触摸非常重要，这里的触摸不仅是指身体上的接触。大人的潜在态度和意图与手掌温度这类感觉特征同样重要。孩子会像感觉身体接触本身一样强烈地感受到大人的意图。对婴儿的抚摸应该温柔和小心，生怕伤害或损伤到这个不可思议的小宝宝。在新生儿身边，就连我们的声音都会减弱并变得柔软。这是作为大人在最初的几个月以及孩子整个童年中必须做到的。即使是在孩子3岁这个最调皮的阶段，也需要这样的敏感和温柔，而事实是这时候更需要这样的敏感和温柔！

与他人保持亲密的方式是另一种触摸。把手靠近一个人，但并不直接触摸他或她，但又能感受到他或她。这种触摸超越了身体和皮肤的触摸。

无论在家里或幼儿园，在照顾孩子时，所有充满爱意的行为都加强并培养了孩子的触觉。这些行为有的发生在日常生活中，而有些则事发突然。我们每次把孩子放进摇篮，孩子醒来时又抱起他，或在他难过需要帮助和安慰的时候抱着他，就激发了这种触觉。在照顾孩子的时候，我们可以边唱歌或诵读小诗，边揉搓孩子的手脚。这种行为并不需要持续很久，却会对加强孩子的安全感和幸福感有帮助。我们也需要给孩子爬上膝盖以求一个拥抱的机会。

在幼儿园里，我们在低处放置了小型脸盆，在家里也可以这样做。大人只需提供一点点帮助，孩子就可以清洗他们的双手。自己双手间的触摸、对大人双手的触摸，以及对自来水的接触都让孩子更加开心。这一活动需要花费很多时间，然后手干透之后，我们坐在桌子边，在唱歌或诵读小诗的时候给每个孩子的手心里滴一滴精油。每个孩子都会感受到精油的芳香，感受到小手的柔软，有的孩子甚至感觉到了旁边孩子的小手。有些孩子喜欢其他人帮他们擦精油，而有些孩子更喜欢自己擦。有时候，有的孩子不想在手上擦精油，也不愿意被触碰，我们应该尊重他们的选择。这些小事在孩子的成长过程中都显得非常重要。

在幼儿园里，当我们唱起"巨人妈妈哄一个巨人宝宝睡觉"时，孩子们喜欢躺在地板上，藏起他们的小脑袋，让老师轻轻地小心翼翼地抚摸他们的后背。有时候，这是抚摸那些通常不愿被抚摸的孩子的最好的方式，但可能很多人都没意识到这一点。我们必须小心对待并尊重每个孩子。如果我们小心照看每个孩子，他们会让我们知道他们在什么时候需要什么。

生命觉：父母为孩子提供安全感，加强孩子的生命觉

生命觉贯穿于所有感觉中，这种意识会告诉我们是否饥饿、疲劳或感觉不好，会改变我们的身体和内部器官的状态。孩子会通过生命觉发觉身体的状况。一些孩子的生命觉比其他孩子强烈得多，他们能够指出哪里受伤了，而其他孩子只能表达疼痛，并不能确定部位。通常，3 岁以下的孩子会认为自己和周围的环境是一体的，他无法将自己与周围的环境区别开来。小亨利的腿撞到了桌子边缘，当大人询问他哪里受伤的时候，亨利只会指着桌子而不是自己的腿。

幼儿会通过肢体语言和行为告知大人他们的不适。尽管他们能用语言告诉我们什么出了问题，但他们会通过哭闹和其他信息表达

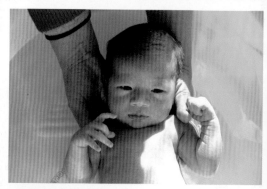

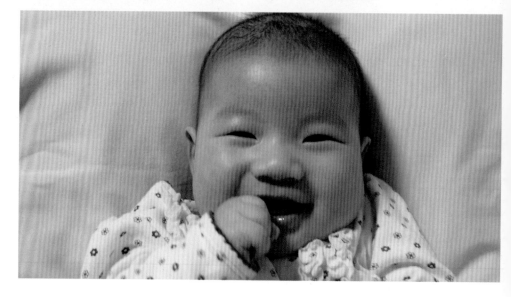

他们的痛苦。如果他们的父母最终知道了他们要的是什么，是食物还是干净的尿布，他们就会非常开心。生命觉与幸福感、痛苦感都有关联，这种意识是身体和幸福感的警告系统。痛苦转移了对生活愉悦的注意力，但随着痛苦的消失，"生活的乐趣"又会回来。只要有快乐的孩子在身边，生命觉就是平衡的。

无论是在幼儿园还是在家，都应以多种方式培养这种生命觉。照看孩子的最亲近的大人为孩子提供了安全感，加强了孩子的生命觉和生存质量。我们还可以通过培养好的习惯和生活节奏增强孩子的生命觉。好习惯是在一个很长的时间阶段不断重复形成的，比如在进入游戏室前换拖鞋，饭前洗手等。好习惯会产生安全感，会让孩子的生活有规律，从而产生和谐。按时吃饭、洗漱、睡觉和玩耍是孩子幸福的另一个先决条件。

运动觉：为孩子提供各种运动的机会，帮助孩子控制自己的身体

孩子通常都好动。大多数健康的孩子都会不停地动，事实上也应该如此。孩子们除了吃饭、睡觉或生病的时候，无时无刻不在动。

运动觉让我们知道孩子的身体是安静的还是运动的。我们通过运动了解自己的身体。和触觉、生命觉一样，运动觉也在胎儿时期就存在。妈妈在怀孕时会感受到孩子的运动和蹬踢。出生后，随着孩子逐渐在自己身体里成长，运动觉变得越来越明显。最初，婴儿的运动混乱而无目的，但有时也会在无意识的情况下做出有意的行

为。由于受到来自外围世界的刺激，孩子会模仿各种行为，并记录这一动作。由于使用了肌肉，孩子开始意识到肌肉的收缩。从孩子直立行走迈出第一步的那天起，他的人生就充斥着他自己的行为和行动。当孩子发现了某种运动并进行模仿时，你就会发现运动其实是一种内在的体验。孩子通过内在意志力和以自身的反应适应体验的方式来控制自己的行动。

从爬行到蹒跚学步，大多数孩子都在不停地运动。在发现和控制自己身体中展现出的渴望是这一阶段最独有的特征。在相对较短的时间内，孩子通过巨大的努力成功地迈出了他的第一步。我们再次强调，孩子在这一阶段需要在没有他人帮助的情况下克服困难，而成人的职责是为孩子的努力创造一个安全的环境。

孩子自身的运动觉和运用身体的能力会对孩子控制身体的方式和身体的发育有影响。我们通过为孩子提供各种运动的机会，帮助他控制自己的身体，而这种自控能力对他的自尊和自我形象的形成非常重要。

在幼儿园专供幼儿使用的区域，我们运用儿歌、小诗和顺口溜帮助刺激运动。大人们坐在毯子上边唱歌边做一些简单的动作，有的孩子坐在大人身边，有的孩子坐在大人的腿上，但很快孩子们就能参与到活动中来。唱《早晨好》这首儿歌时，老师应点到所有孩子的名字，并在点名时轻轻地拍打他们的手臂或后背。大多数孩子喜欢唱歌，甚至会在大人们还没准备好之前早早地坐好等着开始唱歌。有些孩子喜欢坐在桌子底下观看，有些会乱跑，而其他的孩子可能会做其他事情，在这个年纪可以允许他们这么做。我们应有耐心相信孩子会在做好准备的时候，在没有人强迫的情况下按自己的节奏参与进来。用不了多久，我们就会非常了解孩子。我们发现孩子乱跑只是希望引起大人的注意。我们必须意识到孩子可能有某种需要，而我们必须关注或满足这种需要。在这个年纪，擦去效应（Rub-off Effect）是非常显著的，而我们必须清楚什么时候有些孩子确实想引起注意，什么时候我们应该寻求其他原因。

在和孩子们一起歌唱和运动的过程中，我们获得了巨大的快乐，但最重要的是孩子们在这一过程中模仿了我们的行为。孩子加入我们，而且这种活动很快就成了孩子自愿选择进行的活动。

孩子们需要在不过于依赖大人帮助的情况下去探索。他们需要时间学习，并适应新的学习活动。始终在一旁陪伴的大人会给予孩子鼓励，并在必要时或在孩子遇到困难需要指引克服挑战的时候给予帮助。通过努力获得成功的喜悦对孩子来说是非常可贵的。

在自由玩耍的过程中，孩子们有可能做出各种动作，但这在很大程度上取决于周围的实际环境。孩子们是否有足够的空间运动？玩具和器材怎么样？我们需要可以移动、拉动、推动、可供攀爬并能满足孩子们各种活动要求的桌子、长椅、椅子和篮子。除了实际环境，大人对孩子玩耍和运动的启发和鼓励也非常重要。

平衡觉：孩子在保持身体平衡时获得巨大的满足感

通过体验平衡，我们会知道我们是否处于身体或是心理平衡状态。我们在直立时克服了重力的拉力，平衡觉确保我们不会跌倒。

平衡觉告诉我们在空间中所处的位置，以及在向任意方向运动时所采取行动的方式。外围框架（如房间的墙壁）帮助我们保持平衡，我们需要一个可以固定住自己的东西。只要我们站在稳固的地面上，我们的平衡就不会有问题。但是，如果地面开始移动，比如在船上，我们需要努力保持平衡的意识就会不断增强。而当我们再次回到地面，一切都回归正常时，我们又会重拾平衡觉，不会再想如何保持平衡。

对人类而言，垂直位置非常独特，它与自我或我相关。我们会在直立行走时感受到自我。平衡觉会在我们站立的外部场地和内在自我之间建立起一个联系。

托儿所的一个例子可以说明平衡觉和自我意识的领悟之间的联系。在一个春天，3个中班（3到6岁）的女孩在一起玩耍。

其中一个女孩爬上了一个吃饭用的高凳，并站在上面。她在凳子上运动的过程中保持着平衡，并叫道："我在上面，我在上面。"她重复喊了好几次，并在叫喊的同时努力保持平衡。另一个女孩把一把椅子拖到了高凳旁，并爬上去叫喊着同一句话："我在上面，我在上面。"第三个小女孩也跟她们一样爬上了椅子，加入了这个大合唱。她们这样持续了很久，笑着闹着，唱着同一首歌。突然发生了变化：其中一个女孩开始唱："我们在上面。"过了一会儿，她们都开始唱："我们在上面。"

对她们三个，尤其是发现"**我**""**我们**"的孩子来说，这是个多么深刻的体验啊，她们竟然在没有大人干预的情况下发现了这一点。她们的新认知与她们可能会从椅子上跌落的危险无关，保护她们不摔倒是我们的责任，而获得新认知确实是孩子自己的任务。

从生理的角度来说，我们依赖内耳的三个充满液体的管腔控制平衡觉。如果这三个管腔受损，就会影响平衡觉。这些生理器官完好无损才能和我们自身以及自我的意识一起保持平衡。

当婴儿试图抬头并保持这一动作时，就会触发平衡觉。这是孩子为站立和走路做出极大且坚持不懈努力的开端。如果我们在这个阶段观察孩子，我们就会发现孩子们是如何利用自己的手臂来保持平衡的。当他们尝试奔跑，他们就会像在冲浪板上保持平衡一样张开双手。

孩子们在保持身体平衡的能力中获得了巨大的满足感。而在一天的过程中，幼儿无论是在家里还是在幼儿园都有很多机会训练平衡觉。我们可以为这种平衡觉的训练安排合适的环境，提供可用于攀爬和掌控平衡的坚固长椅、桌子或工具，鼓励孩子去进行这类训练。可用于搭建的各种形状和形式的木块也可用来训练平衡觉。木块塔可以堆多高？在木块塔倒下之前我可以搭多少块木块？如果有机会，孩子都会尝试一下。

任何感觉都不会被单独用到，通常同时会有多种感觉一并运用。运动觉、视觉和平衡觉就是相互依赖的，孩子必须能够协调这些感觉。只要我们可以到处走动，能够看到我们正在去向何方，我们就是健康的。但如果我们闭上眼睛，我们就会迅速失去平衡觉，并且需要更加专心地重新获取稳定。幼儿如果闭着眼睛走动通常都会摔倒。

总结：这个阶段孩子的所有感觉都与身体相关

连接世界并形成新概念在人生中持续存在。使用哪种推动力取决于孩子的不同发育阶段。第一个阶段内所运用到的所有感觉都与身体相关。之后，我们会看到灵魂和精神层面上感觉的成长。如果孩子在第一阶段体验了逻辑作用，在以后的人生里他的行为就会以逻辑思考为基础。

我们已经将具有培育所有感觉可能性的人作为起始点，但当某个个体的感觉器官功能紊乱时，就会有其他感觉来补偿这一缺失，这其中的一些人因其不平凡的能力和天赋而闻名。一个例子就是雅克·露塞亚，他在 8 岁的时候失明，但他的听觉却变得异常灵敏，以至于能够辨别一个人是否在说谎，即使看不到他或她的样子，他也能够直接感受到别人的灵魂品质。他说："失去了光明，我注意到一种所有人都能够做到却遗失了的能力。"①

这一例子和海伦·凯勒以及斯蒂芬·霍金等其他例子一样告诉我们，我们的感觉并不是与生俱来的。我们应该努力培养孩子获取各种能力，并防止孩子在不经意中对这种能力感到厌倦甚至遗失这一能力。正确领会和培育这些基础感觉应从孩子刚出生时开始。

---

① 雅克·露塞亚，《在苏黎世的两个演讲》，第 29 页。埃尔德比约格·耶辛·保尔森译。

Chapter ⑤
儿童一日作息的节奏

节奏（源于希腊语，指任何有规律的循环运动，具有整齐性）是"一系列有规律的强弱交替，或相反或不同情形"。①

节奏是抚养孩子成长过程中的一种重要促进方式，实际上也是人类的必需品。节奏是与生俱来的，只要有生命和成长就会有节奏。节奏与进度相关，也与规律和节拍相关。我们在拥有两种截然不同的选择时就会体验到节奏，而这些选择在同一时间可以是变动的，并会遵循一种特定且不断重复的顺序和规则。例如，水滴从屋顶或水龙头里滴落。

在我们的日常生活中，节奏在很大程度上与膨胀和收缩相关。我们总是在白天拓宽我们的视野和活动，到了晚上又回到家中休息。我们也可以从四季的变幻中看到地球的膨胀和收缩，冬天休憩，夏天张扬。

---

① 《牛津英语大字典缩印本》，第二版，第 2 537 页。

我们可以将自然的节奏与人体的节奏相比较。在河水流动的小溪里，我们会发现河水本身并没有固有的节奏，但当河水细细地向下流淌时就产生了节奏。河水的运动取决于在流淌的过程中所遇到的物体：石头、树枝和河道内的其他物体，但是这种流淌重复了一遍又一遍，从不停止。当我们在小溪或大支流里放上一块石头，河水仍会流淌，只不过换了种方式罢了。

人们在呼吸和血液循环中体验了节奏运动，只要没有外界干扰，这种相同的节奏就会持续下去。但如果我们的身体、灵魂或精神一旦出事，我们的呼吸和血液循环就会受到影响。和小溪的流动会受到外界环境的影响一样，孩子也会受外界事物的影响。

生物的节奏与宇宙的节奏交织在一起。月亮和太阳的节奏与星期、月份以及年份相关。我们的星球需要 24 个小时来转动轴线，这种转动就产生了昼夜交替，影响着地球上每一种生物。与此同时，每一个个体又都有着自身独特的节奏。而人类不仅拥有身体的节奏，还有灵魂和精神的节奏，这些节奏贯穿了我们的生活。了解节奏的重要性可以帮助我们了解让孩子的生活充满节奏的重要性。

让孩子的生活充满节奏

我们不再像我们的祖先一样按照大自然的节奏生活，科学技术已经革新了我们的日常生活，改变了我们的生活方式。我们用开关替代了原本自然的昼夜，即使是在午夜也只需轻轻一按就会拥有光亮。我们使用人造的光和热来帮助花朵和植物生长，我们也利用会影响血液循环和呼吸的化学药物影响人类的生命。

无论如何，我们都不能遗忘我们曾经遵从的自然节奏。我们不能让太阳在晚上升起，也不能阻止植物朝向阳光，因为这些都是自然规律。自然规律仍会影响我们和我们的成长，因此我们必须在对孩子的培养中考虑这种规律，让他们牢记在心，使之塑造我们的日常生活。

在孩子身上和周围所发生的一切都会影响人体节奏，日常生活的规律会帮助孩子巩固他们的成长和发展。**每天变化的生活会妨碍孩子的成长**。从另一方面来看，对生活的可预测性会给孩子一种安全感。

我们应该意识到，孩子日常生活的节奏在过去的50年里已经发生了根本性的变化，渐渐地变得越来越没有规律，越来越不可预测。例如，相较于待在同一个地方，当今的孩子在开始上学之前会多次去过或住在国外。

怀孕时，孩子在子宫里和母亲共享一种节奏，之后便降临到这个世界上。从出生开始，婴儿就开始按照自己的**节奏**体验生活。他的一次呼吸——吸进，呼出——刚开始时他的气息并不均匀，但过了一会儿，他就获得了属于自己的节奏。周围的影响，无论是房间里的活动、声音或是饥饿、不舒适或快乐的感觉都会对孩子的呼吸产生影响。孩子的每次进食、醒来或睡去都会给日常的节奏留下印记。

刚出生时，母亲的生活节奏仍会对孩子产生强烈的影响，但之后孩子就会找到属于自己的节奏。这种节奏会受文化实践的影响。在非洲，将婴儿背在身上是非常普遍的现象，孩子就会在母亲活动和工作中感受到她的节奏，裹在襁褓里的孩子会体验到截然不同的节奏。许多父母告诉我们，裹在襁褓里的孩子会更加冷静和友善。

给孩子创造一种好的节奏需要花费很长时间，进行很多实践，我们只有长期在每天的生活中重复做同一件事情才能培养出一种好的节奏。只有当一件事情足够有规律时，才会对孩子产生积极的影响。

在早期，孩子能通过周围发生的人工作业（手工活）体验到非常强烈的节奏。母亲在搓衣板上搓洗衣服或手工揉捏面包。用镰刀割谷物是另一种重复进行的活动。现在很少有孩子会体验到这样的节奏活动，尤其是在西方国家。我们并不希望回到过去没有机械助力的时代，但我们发现了人类进行这类活动的重要性，如果利用机器进行这类工作，孩子们就不可能观察到工作过程。如果我们相信模仿是孩子学习的工具，那么让孩子有模仿对象就显得非常重要。让孩子模仿大人洗餐具要比模仿洗碗机做同样的工作简单得多！

所有有规律的过程都会影响孩子，影响孩子的呼吸、神经和血液循环，而影响的结果不是安抚就是干扰。如果孩子的世界是平静且有规律的，他们就会感到愉快和满足。有规律的过程对焦躁或紧张的孩子会有安抚作用，也会创造一个安全且可预见的环境。

在华德福幼儿园，我们一方面为孩子提供有规律的活动，一方面又让他们自由玩耍。这是给予孩子在幼儿园内有节奏地"呼吸"机会。当孩子必须集中注意力时，就是"吸进"。大人们准备和规划的活动需要在给定的限制中集中注意力。当孩子自己玩耍时，也需要集中注意力，但其中的限制是孩子自己设定的，由于并不受外界的控制，因此这种自由玩耍就是"呼出"。受控和自由玩耍之间的交替给予孩子"吸进"和"呼出"间的节奏空间，我们在给孩子们讲童话故事或小故事时就可以清楚地发现这一点。孩子们全神贯注地吸收了所有词句，就好像他们在屏住呼吸，而当故事结束时，我们会发现他们松了一口气。

看护人应有节奏地安排孩子的日常生活，包含呼出和吸进的更替。在没有不确定性的情况下，孩子有足够的能力完成日常任务，还能够探索他自身的灵敏性。

日常生活中的节奏很重要，但为孩子提供自发性的空间也同样重要。只要我们创造了固定的日常习惯，我们就能够养成生活节奏。**例外并不会打乱习惯，持续的变化才会打乱习惯。**偶尔的例外会为生活增添乐趣，而习惯则会为孩子带来稳定性和安全感。如果我们在假期中赖床，我们就打破了日常习惯，但是没有闹钟叫我们起床，我们就可以惬意地睡懒觉。有时我们会日夜颠倒，这种生活会带来一时的快感，但最终大多数人会渴望回归已知的生活，我们喜欢有规律的生活。有规律的生活对幼儿来说尤为重要。孩子们会有自发的行为，但在大人们提供的有规律的生活中他们会更开心。

给孩子足够多的时间适应环境

孩子们心中的爱就是时间。

——安东尼 P. 惠特曼教授

我们都有机械帮手，这些帮手解决了许多家务活，节约了我们的时间。但是，我们的时间还是不够用，不能完成所有事情。我们总觉得"要是我做完了这件事，所有事情都会变得更棒"。不管怎样，我们刚完成一个任务，另一个任务又会出现。

我们可以通过确定什么事是我们真正想要的和真正需要做的，再次控制我们的时间。我们可以选择少进行一些活动，多一些所有人都需要的安静空间。无论是孩子还是大人都需要足够的私人时间和空间。

每个孩子的年龄、成长的阶段和孩子的个性都在提醒我们他需要的是什么，尤其是在 1 到 3 岁的时候，在这段时间内，孩子们可以用很短的时间获取许多技能。在这三年里，孩子们不仅要学习技能，还需要时间不断重复训练所学到的技能。我们总是忘记当孩子学习了一样新的东西之后，需要时间学习、适应和重复这一技能，而不是急匆匆地去学习下一个技能。

谈及教育，孩子们是我们的老师。鲁道夫·斯坦纳主张，通过了解孩子的天性，你就会知道他的需求。在他的著作《儿童的教育》中，他提到未来那些会仔细观察孩子们的教育者：

他们不会创造新的教育计划，只会了解他们（孩子）本来的样子。由于他们所了解的东西中就包含了孩子成长的本质，因此这些在一定意义上已经成了计划。出于这个原因，人类精神——科学观点必须为当代生活问题的解决提供最富成效和最实际的方式。[1]

---

[1] 鲁道夫·斯坦纳，《儿童的教育》，第 4 页。

这就意味着我们作为教育者必须学习在每个阶段聆听和观察每个孩子，这会给予我们帮助孩子成长所需的认识。很明显，幼儿想要和所需的是：不断重复的行为和语言。每个和这个年纪的孩子生活在一起的人都会不时地听到他们说："再做一次"和"再告诉我们一遍"。

小孩子想每天都和大人待在一起，和大人一起做各种家务。他们不会寻找"环境"或希望不断做各种活动。我们总是图自己方便，在做饭的时候让孩子看电视。我相信如果孩子们可以选择，他们在养成其他习惯之前都会选择和大人待在一起。

我们也需要给孩子足够的时间去适应他们身边出现的各种新现象。孩子们在日常生活中的经历会触发大脑中的画面，并为未来的思想奠定基础。日常生活中所发生的行为越有逻辑性，孩子未来所形成的思想就会更符合逻辑。另外，孩子通过自己的行为进行的感觉和理解越多，他们长大后对因果关系的理解就越容易。孩子们需要自己去感受、观察和行动，我们则需要为他们提供空间、平静和足够的时间。所有健康的发展、成长和成形都需要时间。

艾米·皮克勒在她的著作《给我时间》中写出了观察孩子、为孩子独立活动和行动创建良好条件的重要性。经过多年对孩子的研究，她描述了孩子们活动所需的技能、前几年内的进步和这些技能的使用方式。书名说明了一切！尤其是对蹒跚学步的孩子们，我们必须给予意欲达到和正在努力达到的目标足够的时间。这样孩子才能专注在活动上，而这也为之后会发生的一切提供了进一步的解释。在大多数事情都以光速进行的当代社会，给孩子们以及我们自己更多的时间显得特别重要。

时间观念与大脑的成熟程度紧密相关。从出生开始大脑表层就开始成熟，这一脑细胞才能发挥机能，这种成熟会在孩子吸收和适应外界的感觉现象中发生。一开始，孩子并没有时间观念。在现实生活中，时间只和特定的事件相关，只有当时间对孩子们有意义时，他们才会有时间观念。第一次时间体验发生在出现重复时间，并与触觉、听觉、嗅觉和味觉的感觉体验相关。婴儿因为饥饿而哭闹，当母亲把孩子拥入胸中，孩子感觉到母亲的肌肤，因为知道可以吃奶，哭闹就会转变为"快乐"的声音。而这就是形成时间观念的开始。

一般而言，定时是养成健康饮食习惯的关键。孩子饿了想要吃东西的时候，我们不会等上几个小时或几天才给他所需的食物。我们知道如果我们过了太久，孩子的消化系统会出现问题，还会出现胃痉挛。消化和孩子获取的营养类型和有规律的喂食时间相关。在华德福幼儿园，我们非常重视健康和营养食物，食物主要采用未经加工的有机和自然食品，并按时开饭。

在精神层面上，时间的重要性就不那么明显了。大多数孩子都会在需要注意的时候，用语言、肢体语言或行为让我们知道。我们当时通常没有时间，我们会让孩子等一会儿。有时候要过很久才会注意到孩子，或忘记了他们想要进行沟通。我们通常不会发现精神在合适的时机得不到满足而造成的问题或后果，这种影响在未来的成年生活中会慢慢浮现。

艾米·皮克勒的女儿，安娜·塔多斯在 2000 年在比利时召开的国际幼儿园大会上进行了关于孩子的演讲。当她提到并论证时间现象时，给观众们留下了深刻的印象。她该坐着时就坐着，该站着时就站着。她会花很多时间表演这些动作，每个动作都进行得缓慢而清楚。我们像在观看一场慢动作电影。她的重点在于告诉我们必须学会在所有事情上都多花一点儿时间，一次只做一件事。然而，在家里，这通常是不可能的，如果妈妈或看护人能做到这点对孩子的成长是非常有益的。但作为幼儿教育工作者，我们有机会也有义务给孩子所需的时间，并创造能让孩子有更多时间的空间。我们要学习缓慢和存在的价值，尤其是对孩子的价值。在当今的西方社会，时间是我们能够给予孩子最宝贵的东西。

帮孩子养成良好的生活习惯

父母总觉得他们没法给孩子足够的时间。尽管在幼儿园里我们的目标就是拥有足够的时间，但我们还是经常感觉时间不够用。要满足基础需求有很多工作要做。日常生活必须根据每个孩子的需求和所需的时间进行计划。

在第一个 7 年里，我们训练孩子的模仿能力，这就意味着我们必须成为孩子的榜样，并要求我们有规律地生活。我们是否有时间放松休息一下？我们是否筋疲力尽或厌倦了重复每天的家务？如果是这样，我们应该腾出"一点点儿"时间用于艺术创作、沉思或只是一个安静的片刻，这点时间产生的平衡会帮助我们，并反过来影响我们的孩子。

在幼儿园的婴儿班或学步班，我们着重安排了吃饭次数、护理、睡觉和玩耍在内的良好的生活习惯。除此之外，我们有时间的时候会洗衣服、熨烫、掸尘、浇水和进行其他活动。孩子们需要模仿好的活动，并需要足够的时间吸收这些活动。这就是为什么我们选择一些活动，并保证有足够的时间去完成这些活动。

我们会在孩子们的帮助下准备餐点。有时他们会积极地融入进来，而其他时候他们或坐或看。我们想要慢慢地工作让孩子们能够跟得上节奏。他们会看着我们削苹果并切成小块，看着我们加水和面以及烘焙。他们有机会在我们做事时看到我们的每一个动作。我们的动作越慢，他们就越容易理解。

通过重复每天的各种家务，我们为孩子创造了好的习惯和安全环境。每个孩子感觉事物的方式和模仿大人的方式都是独特的，这种方式取决于孩子天生的能力和个性，以及他们所拥有的机会。**对3岁以下的孩子来说，没必要在一天里安排满满的活动**。在这个年纪里，他们需要挖掘自己的能力和熟悉周围的环境，照看他们的大人即使忙着做有用的家务，也要停下来为孩子提供必要的帮助，通过这种帮助，孩子会感受到安全感和可预测性。通常，在班级里会发生不可预料的事情，比如，有的孩子需要换尿布，有的擤鼻涕，有的会摔倒，有的会哭闹，而这正是我们需要考虑的。如果发生了冲突，我们需要足够的时间来安抚孩子，才能继续进行正常的活动。

班级的节奏主要是为了让孩子们适应，但也必须利于大人。孩子开心，大人就会心满意足；大人开心，孩子就会活跃。度过愉快一天的前提是我们有足够的时间，而这一点会反应在我们做的每一件事情里。

良好的生活习惯是非常重要的，尤其是在孩子们秋天刚入学的时候。孩子们要去习惯很多事情，要在一天里经历许多新的体验。其实，在很大程度上，幼儿园里的流程和在家里所做的事情是一样的：玩耍、唱歌、吃饭、睡觉和运动。妈妈或看护人在家里为孩子建立良好的生活习惯，孩子会很快适应幼儿园的生活，减少孩子的焦虑。

孩子每日的节奏

这里有一个幼儿园一天流程的例子，这只是多种方式中的**一种**。这是我们幼儿园挪威分园学步班的模式，这个班级的孩子都是 1 到 3 岁。

7:30	孩子入园、自由玩耍，校方准备早餐
8:00	吃早餐
8:30	自由玩耍
10:15	洗手、唱歌并围成圈活动
10:30	吃午饭
11:00–2:00	护理（换尿布、准备睡觉），睡午觉
醒来后	水果餐和饮料，根据孩子醒来的时间安排，同时进行护理（换尿布、穿衣）
1:30–3:00	自由玩耍，室外或室内，地点根据季节和天气决定。一些孩子在 2:00 和 3:00 之间回家
2:30	孩子吃下午点心
3:30	自由玩耍，或安静时间，如"看"书
4:15	闭园

为了提供关于幼儿园的案例，我们在一个平常的一天里将跟随两岁的皮娅来体验幼儿园生活。皮娅是家里三个孩子中的第二个孩子。她的姐姐是幼儿园另一个班级的学生，弟弟还没有上学。

8点，皮娅和她的姐姐、妈妈一起到达学校。快乐的皮娅穿过大门，直接跑向衣帽间，坐下并开始脱鞋。她想自己换鞋，但要想舒适地穿上拖鞋，她还需要妈妈的一点帮助。现在皮娅已经准备进教室了。老师小心地打开了供应早餐的主房间的门。妈妈站在门口和她道别。皮娅一开始看了一眼房间，然后转向妈妈说："抱抱！"妈妈给了皮娅一个拥抱，然后皮娅跑向了餐桌。

吃饭的时候，孩子们有固定的位置。他们坐在桌子边的高凳上，能够爬上高凳的人也可以爬上凳子。

皮娅自己爬上椅子，但需要一点帮助。

当大多数孩子就位时，我们点亮蜡烛，每个人都在唱："土地滋养小种子，太阳催熟小麦做面包。亲爱的太阳和亲爱的土地，谢谢你赐予我们餐桌上的礼物，赐予我们食物。"我们合十双手（自愿），然后开饭。

皮娅想吃脆皮饼干，并在大人的帮助下在她的饼干上涂上黄油和奶酪。皮娅早餐可以吃两片脆皮饼干或一片普通面包。皮娅很享受她的食物，她经常把手伸向她的同桌，还喜欢说话。

早餐过后，工作人员会进行清理工作，孩子们则开始自由玩耍。

皮娅爬下椅子，但需要一点都助才能正好落在地面上。她向大人要抹布，她想帮忙擦桌子。她擦了一会儿桌子，然后把抹布放在了地上。然后她在角落里玩洋娃娃，这时，她发现了一个会动的娃娃，于是去哪里都带着那个娃娃。后来，她发现了雅各布有一只小猫，就突然很想要那只猫。于是，她丢掉了她的娃娃，抢走了雅各布的猫，雅各布哭起来。皮娅看起来无动于衷，紧紧地抓着小猫。老师想要帮忙，她找来另一只猫给皮娅，然后把皮娅手上的猫还给了雅各布。可这并不是皮娅想要的，她更想要雅各布的那只猫。通过哄骗，雅各布接受了那只新的猫咪，而皮娅则拿着那只她想要的猫咪。两个孩子都开心地笑起来。过了一会儿皮娅把小猫还给了雅各布，现在，雅各布有了两只猫，而皮娅已去做其他事情了。幼儿的自由玩耍内容一直在变化，很难提供所有的细节。

玩耍时间结束后，老师打扫盥洗室，然后打开盥洗室的门，让孩子们进去洗手。

皮娅找到了一个装着积木的包，她坐在地板上全神贯注地倒空这个包，然后她发现盥洗室的门打开了。她把包扔在了地上，跑去盥洗室洗手。有个孩子已经站在洗手池前了，她想把这个孩子推开，但是被老师阻止了。她反抗了一下，但还是明白了自己必须等待。在洗手池前，她让水流过自己的双手，一直不愿离开，但她身后还有好几个孩子在等着。于是，她在老师的帮助下擦干了手，然后又回到房间，坐在地毯上。

一个老师帮助孩子们洗手，另一个老师坐在地板上召集孩子们唱歌和玩耍，还有一个老师在确认午餐的准备情况。

皮娅想要坐在一个老师身边。如果已经有孩子坐在那里，她会悄悄地走到那个孩子和老师的中间，这样她就能坐在老师身边，或老师的腿上。有时候这招是有用的，但有时候她必须去找其他地方。大多数情况下，皮娅会参与唱歌、朗诵小诗和顺口溜，但有时候她也会藏在桌子底下或到处乱跑。

根据孩子和实际情况，我们会把孩子们带回班级，也会让孩子们待在那里，等他们准备好了之后再回到班级。大多数孩子都会参加唱歌和朗诵活动。通常我们一整年都会唱同一首歌。最近，我们唱的歌是"我们在食物王国游玩"，所有的孩子都会在这首歌中被点名。

皮娅是第一拨跑到桌子旁边坐下的孩子之一。她喜欢自己爬上椅子，但需要大人帮一点忙。

所有孩子都就位之后，一个老师会在朗诵小诗的时候，在每个孩子的手上滴一滴精油（柠檬或薰衣草精油）。然后用精油揉搓孩子的小手，让他们觉得温暖，并让他们闻到美妙的芳香，有时候孩子们会相互触摸小手。

皮娅坐着等老师来滴精油，她喜欢精油的芳香和大人温暖的手掌。她真的很喜欢揉搓坐在她身边的普雷本的小手，但普雷本不愿意让她揉。

孩子们都戴着大围嘴，桌上的蜡烛已经点燃。我们唱着早餐时唱的那首歌——土地滋养小种子。每个孩子都根据每天的菜单分得一盘食物，然后就开饭了。我们会在餐桌上保持平和的心情，所以，老师们不会说话除非有必要。通常，孩子们会咿咿呀呀地说话，有些孩子总在重复和练习刚学到的新词语。

尽管皮娅找不到足够的词汇表达她的意思，但她总喜欢絮絮叨叨地说点什么。但是，她可以通过肢体语言和模仿，成功传达她想表达的意思。

孩子们并不会同时吃完饭，但我们会念一首小诗结束吃饭时间："谢谢给我们食物，食物很好吃，我们很开心。"有的孩子会双手合十。吃完饭，大人们会在孩子午睡之前给他们做护理。这是一天中，每个孩子和老师单独相处的时间。老师会一个个地带孩子去护理室换尿布。如果是在家里，由妈妈或看护人决定孩子是睡在房间外的婴儿车里，还是睡在房间的床上。

我们会留足够长的时间给孩子们做护理。我们一边给孩子们脱袜子或把孩子们的手臂拉出袖子，一边给他们念小诗、绕口令或是唱歌。如果有时间，我们还会用一点精油揉搓孩子的手脚，这会帮助孩子增强幸福感，让他们在睡觉之前平静下来。

皮娅睡在房间里，她很开心地跟着大人到护理室，在上床之前换上干净的尿布。她又想自己爬上洗手池，她总喜欢这样。在大人的帮助下，她做好了准备，还在架子上找到了干净的尿布。换好尿布后，老师并没有马上给她穿上长裤，她玩了一个小游戏，老师每触碰皮娅的一个脚趾，皮娅就说一声"脚趾"。她们一遍又一遍地重复这个游戏。现在皮娅要去睡觉了。

每个孩子都有一首特别喜欢的歌，我们会在护理的时候给孩子唱他们最喜欢的歌。有的孩子想听两遍同一首歌，而有的却想听两首不同的歌，有的甚至想听三首。用儿童竖琴演奏五音音阶 D-E-G-A-B-D-E 会让孩子们平静下来，有助于他们的睡眠。竖琴柔和的音调会让孩子们有点想睡了。有的孩子喜欢盖上被子，有的孩子喜欢让人抚摸脸颊，还有的孩子喜欢在睡前得到一个拥抱。每个孩子的需求都不相同，慢慢地对他们的喜好、习惯都熟悉了，我们就开始了解他们了。孩子们从家里带来床，对他们来说，熟悉的床非常重要，尤其在刚入学的时候，至少应该带一条妈妈的围巾或爸爸

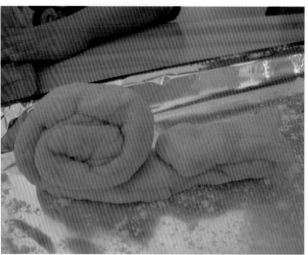

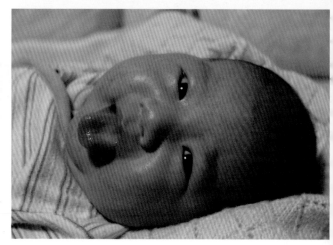

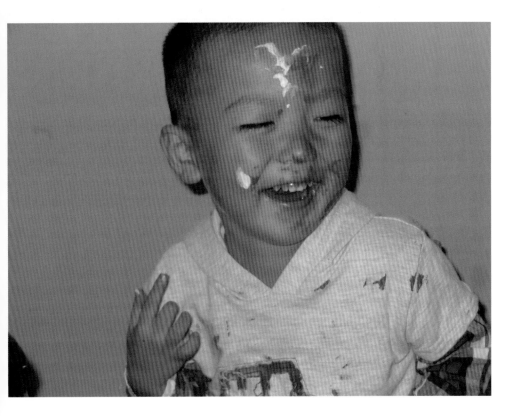

的 T 恤。家的味道会给孩子带来安全感，让他们更容易入睡。

皮娅在睡前最想听的歌有两首，一首是"妈妈，伴我入睡"，还有一首是"我的守护天使"。在她爬进婴儿床盖上被子之前，她会要求听这两首歌好几遍。她很快就会入睡。有时我们需要为她弹奏一会竖琴，但通常情况下，她很快就会睡着。

醒来和睡着一样重要。为了让孩子平和地再次走进我们的世界，我们需要给每个孩子时间。当他们醒来时，他们会单独和我们见面。一些孩子立刻会醒来，然后站起来尖叫；其他孩子醒来后仍躲在被子里，需要很长时间才能完全醒来。这个时候和他们的交流方式会决定这一天剩下的时间内他们的状态。作为老师，孩子们从睡梦中醒来，我们会觉得自己是孩子生活中非常重要的一部分。有时候需要让孩子在我们的腿上坐上一会儿，给他们足够的时间醒来，这时候轻抚他们的脸颊，轻拍他们的后背会让他们更容易清醒。让孩子"清醒"的一种方法是结合了节奏和顺口溜的唱歌和手指游戏。

通常皮娅会睡一到两个小时，她醒来和睡去一样平和。通常她会像只快乐的小鸟一样站在床上，等着老师来给她穿衣，她穿衣服不需要花太多时间。

大多数孩子穿衣服需要大人的帮助。当他们渐渐长大，他们就会变得更加独立，想自己穿衣服。让孩子们自己穿衣服需要多花一点儿时间，我们也可以为她们提供足够的时间。如果孩子穿袜子或裤子花费了很长时间也没有关系。通常给孩子足够的时间，他们就会成功。但是，在家里，多数情况下，家长为了赶时间总喜欢帮他们穿衣服。因此，在幼儿园里，我们把这个机会留给孩子独自完成。之后，他们可能想要自己穿衣服，尽管我们希望他们能够这么做，但当他们年纪尚小的时候，我们还是会提供一点儿他们不需要的帮助。

皮娅是个想要自己穿衣服的女孩，但她并不能做得很好。当她穿好所有的衣服她会觉得非常开心，然后她会加入其他孩子中去。

在孩子们加入其他小朋友之前，会分得一块水果和一些饮料。在室外的时间长短取决于孩子睡觉的时间，但每个孩子都会在被父母接走或回到房间吃点心之前在室外玩一会儿。天气允许的话，他们会在吃完点心后再去室外玩耍，在一天结束之前都可以在室外度过。

皮娅喜欢待在室外，她到了室外做的第一件事就是找她的姐姐。通常她们看到对方都会很开心，除非她的姐姐琳达在忙其他特别的事情。沙坑是孩子们非常喜欢的地方，皮娅在沙坑里表现得非常活跃。大人一般都会在旁边看着。她会花很多时间挖沙坑，或是把沙子装进小桶。在此期间，她还会到处走动，通常和大人或姐姐一起。皮娅是会在幼儿园待满一整天的孩子之一。如果她中午睡了个好觉，她下午就会心情很好。但如果她没有睡饱，她下午就会非常疲倦。

当她的爸爸或妈妈来接她和姐姐的时候，她总是非常开心。她会开心地和老师说再见，有时她还会拥抱在她身边的老师。

孩子每周的节奏和每年的节奏

尽管我们每星期并没有太多不同的活动，但每天都会有一个特殊的项目。幼儿班的日常生活通常由做饭和家务活组成，每天的菜单都各有特色。做饭是我们的主要活动，我们有面包日、稀饭日、米饭/面食日、浓汤日和烘焙日。

星期一是年龄稍大一点的孩子们的徒步旅行日。幼儿不会参加，但他们仍然知道今天是远足日。他们会在窗口看着那些大一点的孩子们在老师的带领下出发。有时候孩子们会唱着歌经过窗口，许多年纪尚小的孩子们就会跑到窗边看。徒步旅行日也会感染教学楼里的气氛。因为楼里的孩子少了，所以比平时安静得多，当孩子们外出玩耍的时候也是这样，我们就自己待在楼里。

一般远足日，幼儿们就吃面包。我们的菜单上有面包、黄油和美味的花草茶。

星期二的午餐是米饭或面食，星期三是稀饭日，但早上也会提供烤面包。每天都会根据不同的菜色区分开来，这些菜会给房间带来温暖和芳香。经常会有孩子在喝茶时间和大人们待在一起，因此需要在活动区域放置许多椅子。大人们会在桌边或炉子边安静地工作，而孩子们闻到食物的味道会想要过来尝一口。

星期四是浓汤日，我们会和年龄大一点的孩子们一起做浓汤，和年龄较小的孩子一起给蔬菜削皮并切成小块。我们会在室外生火并用铁炉烧汤。小孩子渐渐长大后就可以到室外看大人们做汤了。

星期五是幼儿园所有年级的烘焙日。每个想进行烘焙的孩子都可以和面、品尝和闻闻最终会做成美味小餐包的生面团。搭配黄油面包尝起来会非常美味。

这样的日常生活会持续一年。圣诞节将近时，孩子的习惯就已经养成了，每个星期五我们都会有一个"开放日"。各个年级的孩子都可以相互看望。大多数时候是年龄大一点的孩子去看望年龄尚小的孩子。只有在春天，我们才会看到一些幼小的孩子会去找一些大孩子玩。我们把孩子找别人玩作为能够在幼儿园升级的成熟标志。

每年的常规活动是根据大自然节气和庆祝的节日进行调整的。和孩子们一起过节，可以做出一些小变化，如在桌上放一些花，一张特别的桌布或一支新的蜡烛。为了聚会，我们会给孩子们打扮一番。也许我们会用苹果汁代替茶或茶里的冷冻草莓，或者用法式餐包代替面包。变化并不需要太多，我们只需要通过一些我们平时不太用的东西和与季节相关的东西标注这个节日。大人们隆重而愉悦的心情会感染到孩子。我们应该等待，而不是强迫孩子变得成熟，然后升级。在一些节日里，我们无法让最小的孩子参与其中，例如在秋天的感恩节一起用餐。不过我们会去观察大一点的孩子们，看他们在干什么。我们会发现他们的状态通常都非常好。

Chapter ⑥
儿童的玩耍

什么是玩耍？我们经常谈论"自由玩耍"，但是这到底是什么意思呢？许多人都会写关于玩耍的文章，这不仅对孩子们有意义，对大人们也很有意义。关于玩耍，席勒写道："人只有在他成为完整意义上的人的时候才会玩耍，同时，学会玩耍的时候才成为完整意义上的人。"①

　　他描述了两种我们都拥有的能力，一种是形成和限制的能力，另一种是给我们想法并让我们幻想的能力。玩耍，或如他所说的玩耍能力，结合了这两种力量，给了我们作为人类的平衡力。

玩耍是孩子童年生活的基础

　　一个爱玩耍的孩子通常非常健康，一个不玩耍的孩子需要引起注意。玩耍是孩子们表达自己、发现世界和了解自己的方式。玩耍的方

---

　　① 弗里德里希·席勒，《审美教育书简》，第 15 页。

式有很多种：玩玩具、扮演角色、棋盘游戏、电脑游戏等。几乎所有事情都具有玩耍的特征。自由玩耍是指孩子利用之前形成的游戏规则，在没有大人的帮助下自主创造一种活动。自由玩耍是在成人看护下孩子进行的一种"独立"玩耍。我们很快就会发现，孩子是真的在玩耍，还是只是在消耗时间。一个在玩耍的孩子很少会觉得累。

华德福教育把自由玩耍放在很重要的位置，不管这种玩耍是在室外还是室内。无论他们是在探索新技能、体验世界，或是在表达愉快和悲伤的时候，自由玩耍都是孩子们最重要的成长工具。自由玩耍鼓励孩子们从生理上、精神上、社交上、情绪上和心灵上都成长为一个人，所以他们需要很多时间去玩耍。

健康的孩子很自然地玩耍，他们会在任何时候将一种玩耍方式变换成另一种。玩耍由多种要素组成，包括幽默感和严肃性。孩子的脑袋里开始酝酿怎么玩耍，每个孩子的个性都会通过玩耍的方式显现出来。

婴儿和蹒跚学步的孩子们有很多玩耍的方式。与身体相关的玩耍方式，与运动觉、平衡觉相关。孩子们看到和感受到的一切，他们会立刻模仿这些东西。当和其他孩子或大人在一起时就会开始玩社会性的游戏。当孩子们搭积木或用沙子建造型时就开始了建设性玩耍。各种各样的玩耍为孩子们探索并练习和管理技能提供了可能性。

儿童心理学家威廉·斯登写道："每个玩耍的意向都是从认真这一本性开始的。"他描述了孩子玩耍的重要性，孩子的玩耍对孩子成长的重要性。耐心、探索、对创造的热情和社交技能等特性都能在

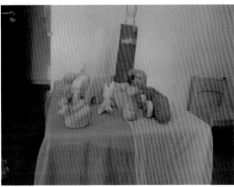

玩耍中培养。^①

玩耍对孩子的意义和工作对成人的意义一样重要。重要的学习过程会在玩耍的过程中开始，而其结果并没有过程那么重要。有时候我们会觉得孩子玩耍的方式能反映出成人工作的方式。

尽管并不是所有孩子的玩耍都是模仿他们所看到的东西，但是榜样和实际环境还是会给孩子的模仿提供可能性。强烈的探索欲望也非常重要。孩子在想要一件东西之前并不一定要见过它。孩子会捡起勺子敲茶壶，声音越大，他们就会觉得越好玩，而且他们会很兴奋地一遍又一遍地敲，就算小孩子以前并没有看到别人这么做过。3 岁以下的孩子需要玩具，为他们探索世界提供可能性。**玩具必须简单，让孩子可以随时更换。**

斯坦纳写道："如果孩子面前有一个用叠好的纸巾做成的娃娃，他们会利用他们的想象力让这个娃娃更加真实，更像一个人。这种想象力塑造并促进了大脑的形成。大脑会像手上的肌肉一样，在适合使用的时候运转。再也没有给孩子一个所谓的'可爱'娃娃更适合开发大脑的事情了。"^②

想象力影响着大脑发育的形式。通常，大脑发育是在出生后的头几年里发生。我们知道大脑需要刺激才能够发育。我们的工作就是找到正确的玩具，刺激并触发孩子自己的活动，这种活动会让孩子健康成长。

---

① 威廉·斯登，《儿童心理学》，第 274 页。
② 鲁道夫·斯坦纳，《儿童的教育》，第 20 页。

为孩子提供合适的玩具

孩子需要玩具，但没必要拿成人世界所使用物体的小模型给他们当玩具，因为这些玩具制作太精细太完美，孩子就不需要使用他们的想象力去完成和补充这一物体了。孩子真正需要的是简单的玩具，他们可以在任何时候想象成他们所需要的东西。

具有刺激运动、平衡和触觉的玩具对幼儿非常重要。这些玩具包括房间里的家具，以及积木、娃娃等这类东西。玩具需要迎合感觉的需要，需要给孩子们提供感受不同种类的构造、质感和颜色的机会。最简单的玩具和玩耍器材通常最受小孩子喜欢。小块和大块的布料、毛线球、简单的布娃娃、会动的娃娃、娃娃的配件、摇摆木马、娃娃摇篮车、可拉可推的小马车、小工具、可以移动并能建设的板凳、大小篮子、木质或金属制的杯子和容器、梯子、针织绳、棉质和羊毛的小地毯等，这些东西都是孩子们可以玩的工具。我们还发现他们经常玩一些我们不会称之为"玩具"的东西，如棍子、软木塞，或其他一切可以找到的东西。我们经常会看到一个两岁的小孩坐着玩了几分钟的毛线之后，把毛线卷在自己的手指上，放在嘴里品尝，然后看了它两眼又放在了一边。大人应该有意识地为孩子挑选一些有用而且对孩子的成长非常重要的玩具。我们一直问自己，这个孩子继续成长到底需要什么，我们还能怎么来强化训练孩子刚学到的技能？

Chapter ⑦
为孩子准备的环境

我们非常注重孩子周围内部和外部的物质环境。我们旨在为孩子创造优美的环境，并时刻记住这一环境是为孩子准备的。为了让每天的生活正常运行，实际安排和美观一样重要。必须对实际环境进行规划，确保孩子有机会在合适的地方工作，应对各种与年龄相符的挑战。孩子们会利用环境中的各种东西，比如长凳、桌子、椅子和其他可移动的家具。所有的东西都可以在没有危险的情况下移动、检查和探索。

为孩子们挑选实际环境中所需的东西是我们大人的责任。我们需要移除孩子们不应接触的东西，让孩子处在一个安全的环境中，这样我们就不用一直强调："不，你不能这样做。"同时，我们也就不用害怕对孩子的过分保护会产生不好的影响了。即使孩子们从椅子上摔下来，我们也必须让孩子去探索这个世界。实际环境应该是一个能防止孩子受伤的安全区域，但与此同时孩子们应该有面对和克服挑战的自由。

孩子需要熟悉各种各样的材料和物品。在大自然里，孩子们会在毫无边界的情况下感觉这个世界。对一个孩子而言，花园就像是一个大世界，他需要时间去适应、去探索。孩子在刚出生的那几年里，与他周围的环境是融为一体的，他会打开所有的感觉，并会吸收所感受到的一切。因此，在允许孩子去拓展新的区域之前，设置边界就显得非常重要。在室内设限很简单，天花板和墙壁已经为孩子的探险设置了天然的屏障。

人类已经成为他们所创造的环境，也就是孩子所降临的世界中的一部分。由于孩子的感觉是完全开放的，而且会毫无条件地服从并依赖身边的环境，因此这一环境会反过来深刻地影响孩子的成长。我们创建花园或房间的方式取决于我们所使用的"原材料"、我们所在的地区、孩子们的需要以及能获得的资源。

室内环境：让孩子感受到安全和温暖

不论是在家里还是在幼儿园，室内环境都应让孩子感受到安全和温暖。一开始，我们认为孩子和家长进入幼儿园时受到"瞩目"是非常重要的。孩子们必须觉得自己是受欢迎的，而且我们非常高兴能听到他们说："我们喜欢在这。"而家长们当然会说："这里是最适合我的孩子。"在孩子与家长还没有了解幼儿园的环境前，老师们的招呼已经给他们留下了这里环境很不错的印象。这正如我们喜欢待在自己的家里，喜欢家里的一切一样。

在营造室内环境时，我们应该记住颜色、形式和行为不仅会影响孩子，也会影响我们，因为实际环境的塑造对大人的日常工作也有着很大的帮助和影响。世界上有多少所幼儿园，就有多少种创建快乐室内环境的方式，这些方式都不相同，也不该相同，但我们应该从每所幼儿园创建环境的方式中获取灵感和想法，如有必要也应该听听专家的意见。了解了外围世界影响我们的方式，才能清楚每个幼儿园不同环境的可能性。

室内环境和室外环境的性质截然不同，影响我们的方式也完全不同。在室内待了整整一天之后外出会发生什么呢？我们松了一口气，然后让自己毫无限制地放松和减压。另一方面，如果为了某个特殊的目标我们必须聚集在一起，最自然的做法就是到室内去。我们需要一个私密的空间，让我们不会太"放松"。

我们希望孩子们能在室内感受到安全和温暖，而通过简单的装饰风格和平和的颜色，我们就能做到这一点，孩子就像在家里一样放松。

风格与颜色：简单平和更适合孩子

装饰风格和颜色会对孩子们产生深刻的影响，就这方面而言，孩子们所受的影响远甚于大人，因此我们在选择室内的颜色时必须考虑到这点。我们还希望孩子们在刚出生的那几年中待在一个像梦一般的世界里，而这一点也会影响我们的决定。平静、柔和环绕式的风格让我们如梦如幻，拥挤、整齐而尖锐的环境则让我们清醒。

我记得，在我小时候，一天晚上我住在阿姨家，她家的壁纸非常局促，颜色非常艳丽，上面还画满了各不相同的图案，这种壁纸贴满了整面墙。我看着这些形状，突然这些图案变成了巨人和野兽，我总觉得他们就要破墙而出。我闭上了眼睛，但还是能看到他们。直到现在我还能记得那时候的恐惧感。

当然，这是因人而异的。我们每个人对风格和颜色的感觉都是不同的，我们也不会清楚地知道每个孩子对于某种风格或颜色的反应，而这也正说明了使用简单而中性的风格和颜色的重要性。一些平和的颜色不仅有益于敏感的灵魂，也有益于那些充满活力的灵魂。对敏感的孩子而言，必须使用平和的颜色，而那些活泼一些的孩子也需要这些平和的元素，使他们安静下来。这已经成了我们这个繁忙社会中的对比和平衡，在商店里或在大街上到处是视觉冲击，到处是鲜明的颜色和尖锐的风格。我们的眼睛很少有机会可以得到片刻的安宁。

对于大部分时间都生活在冬天的人们来说，拥有可以给予阳光的大窗户非常重要。但在非洲，几乎全年太阳的照射强度都非常高，让人很有压迫感，所以那里的人们就会尽量保护自己免受烈日照射。不管是在北半球寒冷的冬天，还是在非洲酷热的夏天，我们都发现在教室里挂着粉色或桃色的窗帘会非常有效，这种颜色的窗帘会缓和日光，无论是在寒冷的季节还是炎热的季节都会营造出一种舒适的氛围。

鲁道夫·斯坦纳在《儿童的教育》一书中谈及了颜色和颜色对孩子们的影响：

易兴奋的孩子应该穿着或被包围在红色或橘色中，而文静的孩

子应该被包围在蓝色或蓝绿色中。与孩子本身性格带有互补的颜色对孩子非常重要，如果是红色就要绿色，如果是蓝色就要补充橘黄色。当你盯着红色或蓝色的物体表面看了一会儿，再去看白色时很快就会发现这一点。孩子的身体器官创造了互补颜色的另一面，而这种创造就造成了孩子所需的相关器官结构。如易兴奋的孩子周围都是红色，他们就会在体内创造相反的颜色——绿色，这种创造绿色的反应会带来平和的效果，器官呈现出一种趋于平和的倾向。

在我们决定孩子所在环境的色调时，这一点可以成为我们的指导方针。

鲁道夫·斯坦纳还对不同年龄段的孩子所适合的颜色提出了建议，这些建议对学校尤其适用。到了上学的年纪，他提议用桃色。颜色雅致的天花板和壁纸会给房间带来一种融洽，有花纹的壁纸会让孩子们分心。只有一种颜色的墙面可以让我们的眼睛休息一下。我们发现当周围有各种各样的花纹和颜色时，眼睛就会到处看个不停。

于是就出现了一个问题，我们是否应该在幼儿园里使用黑色，对此大家各持己见。许多人把黑色和夜晚、洞穴、空无或是死亡联系在一起。颜色是一种灵魂的特征。青春期的孩子都会有一段以各种方式表现出来的"黑暗"时光。而在小孩子身上，我们也发现他们经常喜欢用黑色的笔来画画。孩子们想要表达什么呢？这时候我们是否应该给孩子们一支黑色铅笔呢？答案其实就在你和孩子身上。

当我看到南非的孩子们用黑笔画自己和别人之后，我对黑色就有了另一种理解。当他们没有合适的黑色铅笔画头发的时候，他们就会感到非常绝望。当我们把所有的颜色混在一起的时候不会变成黑色，只会让人觉得很脏，可是当黑色出现在南非小朋友画的小女孩头上时，那一定是你见过的最美好的东西。我们很难再找到比非洲文化更丰富多彩的文化，在那里黑色占据了日常生活中很大的一部分。

颜色让我们体验到各种不同的情绪，这种情绪的体验需要大量的刺激和观感。我们认为颜色的使用是教学中非常重要的一部分。我们可以为孩子们挑选我们认为正确的颜色。

衣帽间：干净整洁，每个孩子都能找到自己的位置

到达幼儿园之后，最先映入眼帘的是入口大厅或衣帽间。这种第一印象为整个一天奠定了基调。当你走进幼儿园时，迎接孩子和家长的是一个个小小的抽屉，一张放着鲜花的小桌子，或是一张小图片，那将是多么可爱的一天。

在幼儿园里，在进入公共教室前，我们必须挂起夹克和外套。更衣室通常是房子里最小的房间，但其实衣帽间应该是最大的房间之一，因为它是幼儿园里大家可以聚会的地方，是一个可以同时容纳许多人的房间。所有人都聚集在这里：孩子、父母、老师。孩子们在这里更衣，可是当所有孩子都在这里更衣的时候，就会觉得这里太局促了。如果衣帽间里没有行为规范的话，很快这里就会陷入混乱之中。我们要清楚每件东西放置的地方，并确定这些东西放在

了正确的位置。

衣帽间必须收拾得干净整洁，这样才能让孩子们找到自己的位置。每个孩子都有自己的位置，通常会在他们的名字旁边贴上一张图，可以是一朵花、一只动物，或其他能让孩子们一眼就识别出来的符号。每个孩子都有放外套、拖鞋的空间和放置其他衣服的篮子，另外，我们还需要可以放置雨衣和雨靴的地方。一张可以让孩子坐着的大毯子会非常有用，可以在几年内让孩子们放松后背。由于父母在接送孩子的时候会在衣帽间停留一会儿，因此给父母看的公告栏会挂在衣帽间的墙上。

在家里，如果能在玄关处放一个专属于孩子的置物架，对孩子来说，尤其重要。

主房间：孩子一天中的主要活动场所

幼儿园里的主房间也可以成为厨房，这就像孩子是家庭的心脏一样，厨房是幼儿园的心脏，通常最重要的活动是在这里进行的。一个大厨房是必不可少的，教师应在大厨房里能够纵览整个房间，并能在准备餐点时观察房间里发生的一切。房间是否安排妥当对孩子而言非常重要，这样才能让孩子容易看到大人，从而找到返回的路。

准备食物，如准备做面包用的生面团，或是给蔬菜和水果削皮，都会在厨房的大桌子上进行。大人们会在炉子边摆弄碗盆，孩子们会被香味、温暖和声音包围。周围有许多高凳，这样孩子们就可以爬到凳子上看老师们做菜。我们必须意识到滚烫的锅的危险性，因此要像在家一样安排一个大人时刻关注着孩子。大锅旁边会摆放一个供孩子们玩耍的小玩具锅。我们总觉得小玩具锅里做的菜和大锅做的菜一样多。

孩子们可以攀爬、推拉和搭建椅子、桌子和长椅。在这个房间里还应该有一些隐蔽处和小缝隙，孩子们需要可以躲藏的地方，厨房桌子上面铺着桌布，给孩子们带来更多的乐趣，让他们创造出更多的游戏。地上应该放一张可供孩子们坐着、躺着、打滚、翻跟斗和爬行的毯子，这可以鼓励他们玩耍和运动。

尽管把所有东西都拿走会很好，但是在新的一天开始时，有些东西应该是不变的，应该始终放在同一个地方。家具和设施必须质量良好并安全可靠。房间不能到处都是各种玩具和设施。空间应该根据需要可以随时移动，这是这个时代房间应具备的主要特征。我们允许孩子们自由玩耍，让他们可以选择自己的同桌，随着年龄的增长，他们还可以有自己的团队。

更衣室：温馨舒适，成人和孩子亲密接触的场所

更衣室是一个可以让人愉悦的地方。在这里，孩子可以与大人体验一对一接触。房间无需太大，但是必须有温馨的氛围和舒适的温度。我们必须记住一点，虽然我们自己衣着整齐，但是孩子是脱光的。

所有物品必须实用且触手可及。更衣台应调整到适合大人的高

度。更衣台前面有一个高脚凳，孩子可以爬上去。房间内必须配置尿布架、衣服架和一个大水槽，这些必需品必须放置在够得着的地方，这样我们在为孩子更换衣服和清洗身体的时候就无需过远走动。这段时间内孩子的动作远比我们想象得要快，在我们发现之前，他们可能已经在更衣台上翻滚或试图从桌子上站起来，这些动作都可能使他们从桌子上跌落至地面，十分危险。

房间必须有较好的采光，如果有可能的话，更衣台前最好有一扇正对着的窗户，这样孩子可以看到外面发生的一切。如果我们花一点儿时间倾听或观察窗外的世界，我们可以知道外面是下雨还是刮风，是黑夜还是白天；我们可以观察鸟儿飞翔，树枝随风摇曳。所以我们可以在照顾孩子的这段特殊时间里了解到许多信息，这也是大人与孩子体验最特别的最密切接触的时间。因此，如果所有物品均摆放在合适的位置，那么孩子和大人都可以尽情地享受这段时间。

在家里，我们可以选择有阳光的卧室为孩子换衣服或做清洗工作等。

卧室：温馨私密，给孩子安全感

相比其他房间，卧室更加特别，更加私密。房间应该有家一般温馨的感觉，即便有多个孩子躺在床上睡觉。房间内配置四张床就足够了，再配备一张大椅子，大人可以抱着孩子坐在椅子上，把孩子放在自己的膝盖上。学步幼儿组有两间卧室，每间四张婴儿床。

一般会有三个或四个孩子睡在房间外，可以在房间内添置婴儿床，这样所有孩子都可以睡在卧室内。

窗帘可以选用深粉色，这样房间看起来更加温馨，光线更加柔和，尤其是当阳光照进房间时。卧室绝不会一片漆黑，即便是在冬天。如果孩子喜欢房间内有少许光线，我们可以满足他们的要求。每个孩子都有自己的床铺，被褥自带，这样他们可以看到熟悉的东西、闻到熟悉的味道，从而产生一种安全感。除了自带被褥之外，我们还建议孩子带一件父母的衣物放在身边。事实证明这样可以使新来的孩子增加安全感。

每张床都有一个顶篷，使用淡蓝色和玫瑰色材料制成，顶篷可以把床铺和房间的剩余空间分隔开来，给孩子一种被保护的安全感。床铺后面的墙上挂着一幅天使的照片或其他以和平美好为主题的照片。

在椅子旁边放置一张小桌子，在桌子上放一盏灯和一种乐器，这些东西都有用处。有时乐器可以帮助孩子入睡。所有物品应放置在合适的位置，这样我们就无需离开房间了。

在家里，午睡前可以给孩子听听音乐，比如弹莱雅琴，美妙的琴声会让孩子很快入睡。

户外环境：为孩子提供更多的探索空间

室外环境可以使孩子产生多种感觉印象，还可以为孩子提供探索和学习新技能的机会。孩子开始使用一切感官观察大马路。外面的世界很大，为了看到更多外面的世界，孩子会在幼儿园内走动，他们会感觉外面的世界在变大，这时大人必须一直待在附近。有时在孩子探索外面的世界时，大人最好牵着孩子的手。幼儿园内必须设置安全稳固的围栏，这样孩子无法单独跨越围栏。

室外，不同年龄的孩子们往往都集中在沙坑玩耍。安全地坐在沙坑内。孩子们在沙坑里玩着各种各样的游戏，因此必须保证沙的质量，无论是干沙还是湿沙。那些可以在指间流动的干沙与堆砌沙堡或沙子蛋糕的湿沙具有不同的手感。

而土壤却完全不同，其保持度和颜色就不同，所以体验感觉就不一样。土与水混合后可以长出草皮，比沙子好。泥土蛋糕可以变成美味蛋糕、巧克力和杏仁酥糖。

最小的孩子通常在幼儿园内就有足够的活动。 幼儿园内有许多沙坑和地形不平的有限空间，这些地方可以增强并锻炼孩子的能力。之后，当他们学会控制身体平衡并觉得幼儿园很安全时，他们开始准备走到幼儿园以外的世界看一看。

天气可以给孩子带来不同的感官体验。 雨水流入小溪，积水流入排水管，张开嘴巴接雨滴——潮湿的天气里会有这些奇遇和经历。并不是所有的雨滴都会流进嘴巴里，大部分都顺着脖子向下淌。在享受雨水流入口中的喜悦之后，孩子们突然发现自己浑身都湿透了，但是并无大碍，幼儿园内有许多干净的衣服，大人们可以帮这些孩子换衣服。夏天孩子们穿得比较少，而且天气比较暖和，他们有更多的机会可以玩水。在室外洗衣服是一项有趣的活动，所有孩子都会参与，因为大多数孩子都喜欢玩水！

找一个安全的地方生篝火，让孩子了解什么是火，火焰发出噼啪的声音，一股股香味应声而出，木头种类不同，香味也就不同。**此外，室外烹饪也是一项很好的感官体验活动，可以激发孩子们玩耍的灵感。**

每周指定一天进行室外烹饪，在篝火上放上铁锅煮汤，整个幼儿园内都弥漫着香味。有时我们制作煎饼，体验不同的感觉。所有的孩子，无论他们是站在篝火附近还是坐在沙坑里，他们都从中学到了知识——火，不仅可以用于娱乐和取暖，也可以用于烹饪，烹饪好的食物可以食用。大人们无需为此再做过多解释。

室外烹饪可以激发孩子们自由游戏的灵感。孩子们在沙坑里煮汤，在泥土堆里煮汤，在水槽下煮汤，在灌木丛下煮汤。孩子们使用树叶、球果、根苗制作美食。篝火的温度、徐徐上升的烟气、芳香的气味和热腾腾的汤，为孩子们带来了多种体验。小一点的孩子当他们快3岁的时候可以参与室外烹饪，我们可以观察他们是如何从早上开始与年龄较大的孩子一起享受室外活动的。

挪威四季分明，我们可以经常开展室外活动，孩子们可以获得丰富的感官体验，除非温度下降到零下十几度（摄氏度）。我们只需确保孩子们根据天气增减衣物。冬天孩子们必须穿着保暖，但是也不可穿着过多使得他们无法自由行动。有时需要添加多一点的衣物。根据我们的经验来看，除穿着防风防雨上衣外，从里到外都穿羊毛衣物最为保暖。在其他天气过热的国家，大人应考虑何时以及如何让孩子免受阳光和炎热的伤害。即便是在挪威，孩子夏天也需要穿着凉爽的衣物，以免受阳光的伤害。

除了季节，大自然中发生和存在的一切而产生的惊奇感，都是与孩子们相处的很重要的工具。大自然给了我们许多惊奇，而孩子们在这方面是我们的老师。孩子在发现美妙事物并通过想象转换这些事物方面具有与生俱来的天赋，叶片上的水滴在他们眼中会变成珍珠，松果看起来像只老鼠。大人和孩子意识的碰撞会让我们发现周围小事物的美好。当我们走在反射着阳光的灰色石头上，我们会把它想象成一块美丽的金石。在想象的海洋里遨游，会让我们的世界充满各种可能性。

Chapter ⑧
0 至 3 岁儿童一起玩的模式

孩子总是想和其他孩子一起玩。随着家庭结构的变化，孩子一起玩的模式也在变化着。通常，年龄相仿的孩子会一起玩儿，年龄小的孩子愿意和年龄大的孩子一起玩。如果家里有两个孩子或表兄妹可以在一起玩，即使存在年龄差距，也能玩得很开心。孩子们一起玩的模式和在幼儿园里组建班级的模式有很多相似之处。平时，父母或看护人带孩子出去玩的时候，可以参考这些模式。

幼儿园通常会设立多个班级，以满足不同发展阶段和不同年龄段幼儿的需求。比如，同胞兄弟姐妹班、低龄班、大龄班、婴儿班、学步班。不论是大规模的幼儿园，还是小型的家庭式幼儿园，都可以尝试这样的组班模式。

在此，我重点介绍两个可行的方案，一个是我在挪威华德福幼儿园的经历，另一个是我在南非开普敦镇华德福幼儿园的经历。

在挪威，同胞兄弟姐妹班比较常见。

孩子的年龄从刚出生到六岁不等，每个班最多 20 个孩子，最

佳人数为 18 人以下。每个班配备一名主班教师和两名助理教师。

在当今，现代家庭成员复杂，或多或少。有些家庭的成员是父母亲和一个、两个或多个子女；有些家庭的成员是单亲和一个或多个子女。在那些遭遇离婚变故的家庭，前一段婚姻中生养的子女有的与祖父母一起生活，有的被寄养。有些孩子有许多家庭成员，而有些孩子只有很少的家庭成员。大多数孩子在小型家庭中成长，几乎没有兄弟姊妹，所以同胞兄弟姐妹班是一项很好的选择。

在同胞兄弟姐妹班，孩子有机会接触不同年龄段和不同发展阶段的孩子。他们可以一起玩耍，一起学习如何与他人进行沟通交流。年龄较小的孩子会接触大人以外的其他人，而年龄较大的孩子可以通过年龄较小孩子的自发性发明获得灵感。年龄较大的孩子可以学习照顾年龄较小的孩子，从而掌握社交技能。年龄较小的孩子可能会走远去做一些禁止做的事，年龄较大的孩子需要把握这一时机，照顾年龄较小的孩子，这些孩子会对他们表示出友好和友爱。年龄最小的孩子知道有些事情是不可以做的，但是他们还是会尽力去做，直至成功。

有时候又需要将年龄较小的孩子和年龄较大的孩子分开组班。当年龄较大的孩子完成了一件令人开心的事情时，他们会变得十分兴奋。这时候年龄较小的孩子就会走过来若无其事地打断他们的情绪，而此时年龄较大的孩子很难对年龄较小的孩子表示关心照顾。这种情况同样适用于年龄较小的孩子，有时他们也需要独自一人待着或者独自玩耍，这时候年龄较大孩子的关心会起到相反的作用，使他们反感。

如果一间房间内的孩子人数超过 20 人，其中年龄较小孩子的人数可能会过多，会有需要减少人数的这种感觉，尤其是当年龄较大的孩子参与绘画、建模、童话故事等活动而其他年龄较小的孩子无法参与时。如果某天将年龄较大的孩子和年龄较小的孩子分开，且他们可以保持安静，则可以抽出时间陪他们做更多的事情。年龄较小的孩子需要保护，而年龄较大的孩子更需要挑战。

挪威的幼儿园通常设立两个班级类别，低龄班和大龄班。

低龄班的孩子是从 0 岁至 3 岁的孩子，人数通常为 10 人。大龄班的孩子是从 3 岁至 6 岁的孩子，人数通常为 20 人。每组均配备一名主班老师和两名助理，还有一名工作人员主要负责行政管理事务。幼儿园的开放时间为上午 7：30 至下午 4：15，主班老师和助理的工作时间为上午 7：30 至下午 3：00 或上午 9：00 至下午 4：30。

这类幼儿园为孩子和大人带来了多种可能性和挑战性。各班级之间相互合作，这样有助于强化教育和秩序，双方都可以从中获益。

年龄较小的孩子集中在一个区域，他们相互玩耍，不需要年龄较大的孩子给予"帮助"。年龄较大的孩子也集中在一个区域，他们搭建高大的城堡，不需要担心年龄较小的孩子会把它们推倒。

房间内有两类年龄层次的孩子，每类都可能会被分为一组。幼儿园早上的第一件事就是集合。有一个共同的入口，当然各自有各自的衣帽间。孩子们一起吃早餐和点心，因为所有孩子都是在相同的时间上学和放学。年龄较小的孩子先在教室内吃饭，然后年龄较大的孩子再进入教室。我们特地让年龄较小的孩子在教室内吃饭，因为年龄较大的孩子走动起来更加方便，而年龄较小的孩子会觉得待过的地方更有安全感。

　　室外游戏时，我们可以让孩子们一起玩，也可以让他们分开玩。教室前面有一块场地是专门为年龄较小的孩子提供的，但是我们经常看到他们和年龄较大的孩子一起玩。室外游戏或一起吃饭时，他们会彼此寻找对方。由此我们发现，当年龄较大的孩子无需照顾年龄较小的孩子时，他们的某些社交技能并不相同。我们还发现，当他们在一起时，通过帮助、关心年龄较小孩子，年龄较大的孩子可以从中获得更多乐趣。

　　每周我们都会挑选一天作为开放日，开放教室准许其他人到教室看望年龄较小的孩子。我们打开教室门，准许孩子们去自己喜欢的地方。许多年龄较大的孩子喜欢到教室里看望年龄较小的孩子，这是他们对年龄较小的孩子表示关心的时机。当年龄较小的孩子接受他们的关心时，他们会觉得很满足。一般来说，年龄较小的孩子全年几乎一直待在教室内，当他们快到 3 岁时，他们开始去看望其他孩子，这表示他们已经到了可以自己走到旁边教室去找小朋友的年龄。

　　这项安排的优点是我们可以根据需要交换两个教室的孩子。曾经有一位 3 岁的小男孩最初被分在大龄班，他在自由游戏和活动期间表现得一切正常，但是在讲故事时他开始出现问题，他无法集中注意力，一点都不想参与这项活动。在考虑了他的发展需求后，当其他大龄孩子在听故事时，我们让他和低龄班的孩子在一起。一段时间后，他开始参与讲故事活动。

　　还有一位 3 岁的小女孩，她被分在低龄班，一些现象表明她已

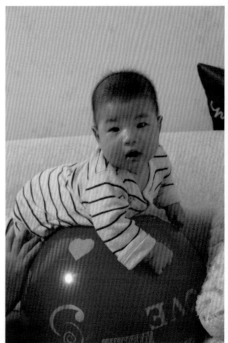

经可以走路，但是不能走太长时间。我们让她和年龄较大的孩子一起玩游戏，剩余几天和年龄较小的孩子一起玩游戏。一段时间后，她就可以长时间走路了。

只有不同教室的大人相互合作才能实行这项措施。大人必须非常了解两个班级的孩子，能够发现和了解在他们身上发生的事情。我们可以凭借自己的创新才能为自己创造合作机会，同时孩子们还有机会认识更多的小朋友，他们可以一起玩更多的游戏，相互建立起美好的友谊。

开普敦镇幼儿园开设了婴儿班和学步班。

孩子的人数从 15 到 30 人不等，大多数在 20 人左右，最佳人数为 15 人以下。一般情况下，每班只有一名老师，有时是两名老师，运气好的话还会有志愿者加入。

许多国家的幼儿园内都开设了婴儿班，孩子的年龄从零岁到两岁不等。我在南非看到许多幼儿园开设了婴儿班，大多数都是乡镇幼儿园。在这里，婴儿班的房间往往不在幼儿园内，也没有对每班的人数作规定；房间的位置一直在变动。她们根据需求安排班级人数，有时有 15–20 名孩子，有时超过 30 人。虽然不建议每班人数过多，但事实上，人数经常超出预期，老师们不得不处理这种情况。

我认为在人数较多的班内，1–3 岁的孩子需要更多保护，但是我们也应该认识到把他们和其他班内成员安排在一起的重要性。我认为年龄较小的孩子无法长期待在人数较多的班内，他们正处于成长阶段，需要更多的空间，需要安静的环境，需要充足的时间专心致志地进行探索发现。

我们可以赋予幼儿园最重要的东西，就是关系的价值以及亲切友好地对待每个孩子的价值，尤其是当设施不完善的时候。许多女性一直怀着爱心与关怀对待孩子，希望为他们创造一个良好的开端，不单单是城镇里的女性，全世界的女性都在为此努力。

后记

帮助孩子开启他们的人生之旅

　　幼儿工作任务艰巨、责任重大，没有人能够确定自己会成功，但是这赋予了我们进入儿童世界的特权。

　　在我们的人生中，不会有任何阶段会像刚出生的那几年里感受到这么多的信任、爱和奇迹，就是这种想法在遇到似乎无法克服的困难时，给了我们力量。如果我们回报给孩子们同样的信任和爱，我们不仅给了孩子们自我教育的机会，而且鼓励他们去开发与生俱来的技能，挖掘自己的潜力。我们的责任是为孩子们的成长创造一个良好的环境，给每个孩子选择各自成长方式的自由。我们会和孩子的家长和监护人一起帮助孩子开启他们的人生旅程。

　　鲁道夫·斯坦纳理念和箴言对我们的工作十分重要，它使我们具备了解和认识幼儿个性所需的洞察力，使我们对年龄相关的行为特点给予同情理解，从而使我们慢慢地学会接纳。

西方世界是个信息大爆炸的社会，需要我们保持慈悲和人性。许多"专家"向我们保证他们可以弄清楚孩子需要什么，他们给出了多种选项。如果我们可以顺利地从众多选项中筛选出孩子的需求，着重强调孩子需求的实质，我们可以进一步了解孩子的真正需求。为了了解孩子，我们应该团结一致，共同提高认识水平。学会观察和倾听孩子，学会接纳孩子对大人影响的重要性。我们在工作中彼此依靠、互相学习，在幼儿工作中实现不断改变和终身学习。

当我们与孩子相处，知识固然重要，但是更重要的一点就是我们必须像孩子一样对每个人充满猜想和好奇之心。好奇心打开了通向周围世界和人类生活及工作的心扉，造就了我们对彼此产生兴趣的方式，更形成了人类日常互动的基础。无论处于何种社会文化，从人类个性来说，我们有太多的共同之处。

这里，我想说一下那些我在南非小镇遇到的女人们。这些女人在贫民窟创办幼儿园，但是她们缺乏我们西方世界理所当然地认为教育孩子所必需的条件。我也经常好奇，尽管你和我一样认为在这样一个物质不充裕的童年，怎么能使她们顺利成为有很多乐趣、爱心、与人分享的出色之人。抛开她们的身世背景，她们用这样的生活乐趣照亮了生命。原因可能是：她们经历了她们生命中来自成人的爱和温暖，这种爱和温暖不一定来自她们的父母，也许是一些在她们年轻的生命中，让她们感到重要和感恩的他人。

每一次注视，每一次接触，甚至是每一次的积极行动，都为这些女人成为有责任感和独立自主的出色之人奠定了基础。这给了我们希望：即使凭一人之力，也能够影响许多小孩子的人生。

与3岁以下孩子的接触，给予了我们一个进入我们成年人早已遗忘的世界的独特的机会，那是一个充满好奇和无限可能的世界。

鲁道夫·斯坦纳的一句语录和纳尔逊·曼德拉及克兰卡·迈克的一句承诺就是我们从事儿童工作的人的典范和目标。

不同年龄段的每一个小孩都从神圣之地给这个世界带来一些新鲜东西，作为教育工作者，扫除身体或心灵的障碍以使孩子的精神能够完全自由的生活是我们的任务。

这必须成为教育艺术的三条黄金守则，必须渗透到教师的全部态度和工作中。教师必须身体力行这三条准则，而不能仅仅是了解而已。这三条黄金守则是：第一，每天虔诚地感谢我们冥想的孩子世界，因为孩子提出的问题带领我们进入神圣世界；第二，学会与孩子相处，对宇宙和爱充满感激之情；第三，尊重孩子的自由，禁止破坏孩子的自由，因为我们的教学工作正是通向这样的自由，唯有这样，有一天孩子才会和我们一样生存于一个自由的世界。

——鲁道夫·斯坦纳，《灵性的教育》，第56-57页。

我们对全世界的孩子和自己的孩子的承诺。

我们，或父母或祖父母或曾祖父母，或政治家或积极分子，给你们写下：你们是我们暴行的焦点，同时你们也是我们的希望所在。

你们是我们仅有的孩子，是我们通向未来的唯一纽带。你们每个人都只属于你们自己，都被赋予了权利，值得尊重和享受尊严。你们每一个人值得拥有最好的生活起点，完成最优质的基础教育，发挥你们的全部潜力，有机会有意义地加入你的团体。若你们中还有一人，不管他是谁，无法享受他的这些权利，我——纳尔逊和我——克兰卡，绝不善罢甘休。这就是我们的承诺！

——纳尔逊·曼德拉和克兰卡·迈克，来自2001联合国儿童基金会报告，《世界儿童状况》。

为方便父母了解华德福幼儿园，也为方便幼儿教师组建自己的幼儿园，作者为我们提供了更进一步的参考讯息。

附录 ①
与父母齐心协力

　　幼儿园应该与孩子的父母和其他看护人建立良好的关系，这一点相当重要。彼此之间应该相互信任。孩子们一天中有大部分时间都待在幼儿园，因此幼儿园老师应该与家长相互配合。幼儿园老师与孩子家长见面的途径很多，可以是非正式的见面，也可以事先预约。最重要的就是彼此之间建立相互信任的关系，了解孩子在家和在幼儿园里发生的一切，齐心协力一同找出在不同发展阶段内最适合孩子的东西。

家长与老师之间的合作

　　家长在决定把孩子送到幼儿园去的那一天就应该与幼儿园老师

建立合作关系。双方达成协议交换自己在孩子和孩子成长方面的经验和知识，这一点至关重要。家长把孩子在家里的情况告知老师，老师把孩子在幼儿园里的情况告诉家长，并与家长分享自己在照顾孩子方面的经验和看法。孩子可以感受到友谊的存在，他们会为此感到满足。双方都希望孩子能够愉快且安全地在幼儿园里度过每一天。如果双方能够配合好，那么大家都会确信这个决定是正确的。另一方面，如果家长存有疑惑，老师可以从孩子的行为模式中看出来。

幼儿园的职责是用激发信心的方式接受孩子和家长。沟通是确保孩子安全的重要基础。老师向家长说明幼儿园的日常活动时，沟通可以让家长对幼儿园的活动感到放心。此外，当老师根据华德福理念向家长解释说明孩子的发展情况时，沟通对家长提供支持与帮助。

家长应给予孩子足够的空间，让他们发展自己的个性，学会接受限制。作为家长和老师，我们应该观察孩子为了探索世界而做出的努力。孩子第一次进幼儿园时，我们可以通过第一次接触了解孩子的个性，即使我们还不了解他们。我们可以通过孩子与家长告别的方式了解孩子，但无法获得全面了解。

有些孩子需要"磨合"后才能让家长单独离开。家长需要为此耗费一点儿时间。有时孩子会挣扎，拉扯父母，不让他们离开，此时我们应该介入。关于这类情况的处理并没有硬性规定，但是如果家长和老师之间可以建立良好的关系和信任，那么问题就可以迎刃而解。

想要与家长建立良好的关系和信任，一种方法就是电话告知家长孩子已经不哭了，因为如果母亲或父亲离开幼儿园时孩子一直在哭，他们离开后就会一直想着自己的孩子是不是还在哭，所以老师最好打电话告知他们。通常孩子在父母离开一会儿后就会停止哭泣，但是家长不知道孩子是否还在哭，所以另一种方法就是让家长待在孩子看不到的地方，看着孩子停止哭泣，这样家长就可以更放心地离开。

家长之所以选择这所特别的幼儿园是因为它最适合孩子。大多数家长认为华德福幼儿园的老师十分认真负责。作为老师，我们必须牢记自己的身份和职责，牢记自己无法也不会取代家长的地位，但是我们会在孩子成长的过程中贡献自己的一份力量。对于孩子而言，家长才是那个最亲密最重要的人。

家长与老师之间的每日谈话

老师和家长之间的日常谈话有助于了解孩子每一天的生活。家长需要了解孩子在幼儿园的一天都做了什么事，老师也顺便向家长了解孩子在家里都做了哪些事。双方可以通过面对面交流、电话交流或提前安排家长会的方式了解孩子的情况。

谈话的形式可以多种多样。会面谈话与家长接送孩子时开展的即时谈话不同，两种沟通方式我们都应该采用。谈话的内容包括我们想说的和另一方想说的。谈话方式会影响谈话结果，我们应该了解这方面的重要性。我们应该以友好的方式与家长交谈，与家长形成最佳合作关系。

每日谈话是最常见的一种方式，老师应该在谈话中保证他们的孩子在幼儿园里开心安全地度过每一天。孩子通常会加入谈话，这是我们当着孩子的面谈话，所以必须谨慎说话，明白哪些话应该当时说，哪些话应该稍后说。需要深入讨论的问题应该另外选时间解决，有关每日事件的短消息或轶闻趣事可以反映出孩子在幼儿园度过了愉快的一天。家长需要向学校了解这些情况，尤其是当孩子还未学会沟通的时候。孩子慢慢地熟悉家长和老师之间的接触，从而增强自己的安全感和归属感。

家长也可以从每日谈话中了解到学校老师十分关心自己的孩子，每日谈话可以把孩子一天发生的重要事情传达给家长，同时家长也应该把孩子在家里发生的一切告诉老师。孩子如何入睡？是否吃早饭？早上上学之前在家做什么？家长和老师可以在孩子不在的时候简单地聊聊这些内容。当孩子坐在母亲膝盖上或附近时，老师可以发短信给孩子的母亲，孩子会产生一种安全感，可以很容易地了解交流的情绪，留心两个大人之间交流的乐趣。

此外，我们为每位孩子准备了一本笔记本，记录他们每天发生的事情。这个笔记本放在书柜中孩子的书架上。家长可以每天阅读，还可以在阅读完毕后在下方写一段留言。有时老师不方便或不适合在家长接送孩子时与他们谈话，笔记本正好弥补了这种情况。

家长会

大多数幼儿园每年会举行两次以上的家长会。之所以这样安排是为了增进学校与家长之间的了解，方便双方互相询问孩子的进步和发展情况。家长会上可以提出与家庭情况或幼儿园情况相关的问题，或者就幼儿园教育或实际工作情况开展讨论，或者讨论孩子的愉悦感或幸福感。

学校最好在孩子进幼儿园之前就开始与家长联系，这样家长可以与学校分享孩子的资料，比如孩子的出生日期、出生后前几个月的情况和第一年的情况，这样便于学校了解孩子的性格，更好地理解孩子，以更好的方式面对孩子。双方通常通过单独的私下谈话了解这些信息。

老师向家长介绍幼儿园观点的重要内容，以及为什么这么做和具体怎么做。对于孩子而言，家庭和幼儿园就像是两个完全不同的世界，所以我们的目标就是在这两个不同的世界之间建起一座桥梁。如果我们成功架起了这座桥梁，孩子就能在家和学校之间转换自如。我们的谈话通常涉及孩子在家里和在幼儿园里的常态行为，比如睡觉、饮食、看护或其他日常活动。

我们要在与家长的谈话过程中营造一种感同身受的气氛，让家长不再感到害怕，可以毫无顾忌地说出内心的想法。这完全依赖于幼儿园。为了展开一场颇具成效的谈话，幼儿园可先营造出一种友好的氛围，如准备一点茶水或咖啡，点上蜡烛，放置几张舒适的椅子。分享孩子照顾方面的经验，可以成为谈话的开端。即使孩子在家和在幼儿园的表现有所不同，我们还是可以从他们的言行举止中发现一般特征。

处理问题之前最重要的是关注孩子积极的一面。通常情况下，这些所谓的问题只是孩子在发展过程中的一段经历而已，孩子内心挣扎着去适应自己的经验和感觉，他们无法用其他方式表达内心的挣扎，只能以行为问题的形式反映出来。为了了解发生的事情，讲述孩子在家和在幼儿园发生的事情是找出孩子一般特征的首要方式。我们可以从这种角度尝试着了解为什么事情会以这样的方式发生，从而找出解决方法。难道这就是所谓的叛逆阶段？我个人更倾向于称之为独立阶段。如果孩子处于这一阶段，大人则无需过多担心，因为这种情况不会一直持续，迈向独立和自由对于孩子而言是相当重要的。了解这一情况后我们就可以给予孩子更多的理解，而非对他们灰心丧气。实际上，这本应是一件令人高兴的事情！

所有幼儿园都会组织家长会，这是一种不同于一对一会面的见面形式。所有家长和幼儿园员工聚集在一起，分享经验，热烈讨论，每个人都可以从中获得一些宝贵的信息。大家一起讨论各种不同的话题，其中有一项就是华德福幼儿园的课程。老师乐于接受家长对于学校课程给出的意见，比如关心社会热点及其可能对幼儿园或家庭工作造成的影响。

　　我们预留了一定的时间供家长提问，并就主题展开激烈的讨论。最佳方式就是把家长分成小组，让每个人都有机会说出自己的想法，最后把大家的想法归纳一下总结出解决方法。如果我们调动起家长参与的兴趣，那么他们就会积极地提出问题、主动参与讨论，这样我们就完成了一部分重要工作。我们的职责就是调动家长参与话题讨论的积极性。

　　家长和监护人都想知道自己的孩子在幼儿园里做了哪些事情，他们是如何在幼儿园里度过每一天的。当我们向家长总结孩子在学校的趣事时，家长们都表现出了十分感兴趣的神情。例如，告诉家长老师在教孩子唱歌并让他们跟着节奏做动作时发生的趣事，告诉家长老师讲故事给他们听时发生的趣事，或者让他们体验庆祝会气氛时发生的趣事，还有其他种种趣事，这样家长就可以了解自己的孩子在幼儿园的一天。我们想方设法与家长分享孩子在幼儿园里的一切情况，并尽量使之生动真实，让家长可以有真切的体会。无论我们以何种方式会面，我们总是竭力安排布置。点燃蜡烛，在桌子上摆放一些鲜花，准备一些小吃和饮料，营造一种愉快的氛围。

举行家长会和家长会话不仅符合幼儿园规章制度的安全规定，而且可以实现孩子在幼儿园获得最佳教育的基本需求。在孩子的成长过程中家长扮演主要角色，同时幼儿园也起着重要的作用。

结伴步行、社区活动、接待日、合办庆典或年度聚会，这些都是幼儿园与家长进行会面并取得相互了解的可行办法。如何会面其实并不重要，重要的是一定要会面。

附录 ②

与同事齐心协力

在每一天的幼儿园工作中，幼儿园的员工都会密切合作、相互依靠，以应付每天可能出现的意料之外的挑战。员工之间保持密切合作关系，即便其产生的作用不同，但是它的重要性就和家庭成员之间保持密切联系是一样的。孩子之间相互学习，相得益彰，尽量让他们接触不同的大人，这可以使他们获益良多。基于共同利益实现紧密团结是获得成功的先决条件。幼儿工作要求老师寸步不离，几乎时时刻刻都要与孩子待在一起，即使需要离开处理一下个人事情，也不能远离孩子，必须待在可以看见孩子的门边，幼儿教师工作十分辛苦，需要他人的理解作为慰藉。员工之间相互合作、相互帮助，不仅可以确保幼儿照顾工作不受耽误，还可以及时处理个人紧急事情。大人之间公开、诚信、积极、幽默融洽的关系对孩子有利。

一开始需要老师与每个孩子接触，履行照顾孩子的职责。孩子进入幼儿园的前几周需要幼儿园与家长保持密切联系，幼儿园应安排特殊员工负责接待家长。那么如何确定这位特殊员工呢？这有赖于孩子和大人之间的"感情关系"。我们观察孩子更喜欢哪位老师，然后确定人选。我们的经验表明，让孩子与主要接触对象以外的大人接触并建立信任关系是十分重要的，这样在主要接触对象不在的情况下，孩子也不会排斥其他大人的照顾。孩子必须学会平静地接受"监护人"的离开，可以愉快地和父母告别。

员工努力与小组内的所有孩子进行交流，过了一会儿，孩子就会接近离他最近的大人。趣味、关心、友爱是孩子与大人建立亲密关系的基础。如果这个大人能有适龄幽默感，孩子会更喜欢她。如果工作中出现困难，或者工作未能按照计划进行，那么就一起笑一笑吧，这样可以减轻大家的压力。如果大人们也出现这种情况，也应该采用这样的方式减轻压力，因为总有一天会出现事情无法按照我们预期发展的状况。我们不必把自己看得太过重要，但是也不能忘记自己的职责所在。

员工合作是幼儿园的支柱，必不可少。在各自的工作领域和工作职责方面，我们都非常专业，这恰恰符合那些选择我园的家长和孩子的期望。我们不单要向孩子们传授知识，还要带领他们了解人类——我们的特征、我们的态度、我们如何沟通交流、我们如何解决日常难题，为孩子今后学习社交能力打下基础。孩子的成长离不开他的家长和监护人，同样也离不开我们幼儿教师。

日常合作

在为孩子们安排每日和每周的幼儿园生活时，员工们应该相互合作。安排日常琐事是一项非常重大而繁琐的工作。如果大人因为遗忘了某样东西而离开房间，孩子们就可能会有危险，所以大人不仅要人在房间，而且心也要在房间，时刻关注着孩子们，确保他们安全，这一点十分重要。日常工作必须在孩子上学之前分配完毕。在前几周内，主要联系人对特定孩子承担首要责任，必要时其他人可以介入。

在某种程度上，我们就像是一个大家庭，有些人一直待在家里，孩子在精神世界里成长，无论是积极的精神还是消极的精神。幼儿园就好比是一个小型社区，大家有着不同的工作、技能、能力。每天我们都为可能发生的事情做好计划安排、协调部署，确保孩子们能够在幼儿园内安全愉快地度过每一天。我们与孩子一起做了哪些事，这很重要；我们完成工作的态度和方式，这也同样重要。此外，我们还应注意自己在孩子附近说话的方式。年龄再小的孩子也会从我们的话语中察觉出细微的差别以及谈话的气氛。孩子们无需理解那些大人们纠结的社会问题或个人问题。如果大人们不得不谈论这些话题，那么最好在孩子放学回家后再做谈论。孩子们能够很好地察觉他人的情绪，这一点真是令人不可思议。

员工会议

幼儿园的日常琐事往往需要一整天的时间才能处理完毕，这会让大家没有时间进行交流和规划，所以定期召开员工会议十分必要。如果员工会议在孩子们放学后召开，那么所有人都可以参加，这样可以增强员工之间的凝聚力。会议内容应涵盖各个方面，可以滋养我们的身、心、灵。如果在下午召开员工会议，那么应该在会议召开前为孩子们准备好一间既可以吃东西又可以进行集体活动的房间。会议可以为大家提供学习的机会，会议内容可以涉及教育、艺术、实践等多个方面。本着自己的教育理念交流学习和教育话题，华德福幼儿园将在儿童教育工作上更进一步。艺术话题可以包括绘画、写字、建模、舞蹈或者可以给予我们精神营养的其他活动。白天我们全心全意照顾孩子，我们也需要参与一些创意性活动来充实自己。实践话题需要我们回顾过去一周的情况，取长补短，为下一周做好精心安排。

员工会议大约一小时，我们要求员工在会议上提交研究报告。有些员工会提前准备好研究报告，并在会议上照着文章朗读。如果出现这种情况，我们会让他们停止报告朗读，我们会向他们提出问题或发表意见。除了学习研究外，我们还举行艺术活动，每四周一次。我们尽力使会议富有成效，让每个人都从中受益，而不是增加他们的压力。

幼儿观察是会议的一项话题。我们一次观察两名幼儿，这两名幼儿分属两个年龄段。员工介绍他们在一段时间内的观察情况，其他人可以做出补充或提出问题。通过这种方法，我们可以更好地了解每位幼儿，包括其他班级的幼儿。每个人都有责任和机会分享各自小组内的乐趣、趣事或重要事情。

会议议程的最后一项内容是宣读幼儿名单。一位员工宣读幼儿姓名，大家花几秒钟时间看一下孩子的照片，这样大家每周都可以"看到"每位孩子。

大家在白天和在会议上互相鼓励，建立良好的工作关系，有利于大家更好地照顾孩子。我们是否可以向待孩子那样待我们自己？大家相互帮助、分担责任、享受乐趣。我们应该重视工作的严肃性和重要性，体验与孩子交流的乐趣。如果我们成功了，我们就可以达到一定层次，为孩子们提供最优服务，满足家长的需求。

附录 ③

南非的两首摇篮曲

Mamalie

Thula Tu

1=G   4/4

thu-la tu thu-la ba-ba, thu-la sa — na, thu'u- mam'u-zo-bu-ya e-ku-

se — ni, thu-la   se~ni, la la la la la ......

作者注：

全世界所有的母亲都会给孩子唱歌，让孩子感到舒适、心情平缓。在孩子了解语言的"含义"之前，他们对旋律、节奏和声音做出反应。

这两首摇篮曲源于祖鲁语，是南非最美的传统歌曲。这两首歌每个人唱都会有不同的版本，本文所选的是我自己的版本，在此分享给全世界的孩子们。

Mamalie 是一首向天下所有的妈妈表达敬意的歌曲，大意为"非洲的妈妈，谢谢你！"

Thula Tu 是一首哄小孩入睡的歌曲，大意为"安静的小宝贝，爸爸天亮前将回家。"

致　谢

　　在编辑本书的过程中，我们得到了很多人的帮助，在此特别感谢为本书提供图片的夏山学校、大美学园和小水滴幼儿之家，摄影师郭珊女士、设计师方郡瑜女士及我们可爱的孩子们孙诗焜、王子琪、双双、画画、竖竖、姬乐、姬果、尧尧、阳阳。

　　对华德福幼儿园感兴趣的朋友可以登录以下网址，了解详细信息。

夏山学校：www.summerhill.cn

大美学园：http://blog.sina.com.cn/dameixueyuan

小水滴幼儿之家：http://blog.sina.com.cn/yunniboke